YE YONGLIE KEPU DIANCANG
叶永烈科普典藏

尹传红 主编

金属的世界

叶永烈◎著

U0151365

长江出版传媒 | 湖北教育出版社

图书在版编目（CIP）数据

金属的世界 / 叶永烈著 ; 尹传红主编. -- 武汉 ：
湖北教育出版社，2023.4
（叶永烈科普典藏）
ISBN 978-7-5564-4788-6

Ⅰ.①金… Ⅱ.①叶… ②尹… Ⅲ.①金属元素－青
少年读物 Ⅳ.①O614-49

中国国家版本馆CIP数据核字(2023)第060526号

金属的世界　JINSHU DE SHIJIE

出品人	方　平			
责任编辑	胡　源		责任校对	李庆华
封面设计	牛　红		责任督印	刘牧原

出版发行	长江出版传媒	430070	武汉市雄楚大道 268 号
	湖北教育出版社	430070	武汉市雄楚大道 268 号
经　　销	新 华 书 店		
网　　址	http://www.hbedup.com		
印　　刷	武汉中远印务有限公司		
地　　址	武汉市黄陂区横店街货场路粮库院内		
开　　本	710mm×1000mm　1/16		
印　　张	7.5		
字　　数	100 千字		
版　　次	2023 年 4 月第 1 版		
印　　次	2023 年 4 月第 1 次印刷		
书　　号	ISBN 978-7-5564-4788-6		
定　　价	26.00 元		

总　序

在中国的科普、科幻界，叶永烈先生（1940—2020）曾经是一个风格独特、广受瞩目的"主力队员"；在当今的纪实文学领域，他又是一位成就卓著、声名显赫的重量级作家。他才华横溢、兴趣广泛、勤奋高产，一生创作出版了300余部作品，累计3500多万字。

在科普创作方面，叶永烈有着特别引人瞩目的一个身份和成就：他是新中国几代青少年的科学启蒙读物、中国原创科普图书的著名品牌《十万个为什么》第一版最年轻且写得最多的作者，还是从第一版写到第六版《十万个为什么》的唯一作者。

我们这一两代人几乎都存有一段温馨的记忆：在20世纪70年代末80年代初，改革开放伊始，当"科学的春天"到来之时，"叶永烈"这个名字伴随着他创作的诸多题材不同、脍炙人口的科普文章频频出现在全国报刊上，一本接一本的科普图书纷纷亮相于新华书店，而越来越为人们所熟知。他成了中国科普界继高士其之后的一颗耀眼的明星。差不多与此同时，叶永烈的科幻处女作《小灵通漫游未来》一面世即风行全国，成了超级畅销书，各种版本的总印数达到了

300 万册之巨，创造了中国科幻小说的一个纪录。

叶永烈给我本人留下的最深切的记忆是 1979 年春，那年我 11 岁，第一次读到《小灵通漫游未来》，心潮澎湃，对未来充满期待。那一时期，每个月当中的某几天，在父亲下班回到家时，我总要急切地问一句："《少年科学》来了没有？"盼着的就是能够尽早一睹杂志上连载的叶永烈科幻小说。

那时我还常常从许多报刊上读到叶永烈脍炙人口的科学小品，从中汲取了大量的科学营养。随后，我又爱上了自美国引进的阿西莫夫著作。品读他们撰写的优秀科普、科幻作品，我真切感受到了读书、求知的快慰，思考、钻研问题的乐趣，同时也爱上了科学，爱上了写作。那段心有所寄、热切期盼读到他们作品的美好时光，令我终生难忘。

作为科普大家的叶永烈，自 11 岁起在报纸上发表小诗，在大学时代就开始了科普创作，其科普创作生涯一直延续到中年，即从 20 世纪 50 年代末至 80 年代初。

几十年间，叶永烈创作的为数众多的科学小品、科学杂文、科学童话、科学相声、科学诗、科学寓言等，几乎涉足了科普创作所有的品种，并且成就斐然。他的作品，曾经入选各种版本语文教材的，就达 30 多篇。

值得一提的是，叶永烈首先提出并创立了科学杂文、科学童话、科学寓言三种科学文艺体裁，并在 1979 年出版了中国第一部较有系统的、讲述科学文艺创作理论的书——《论科学文艺》；在 1980 年出版了中国第一本科学杂文集《为科学而献身》；在 1982 年出版了中国

第一本科学童话集《蹦蹦跳先生》；在 1983 年出版了中国第一本科学寓言集《侦探与小偷》。他提出的这三种科学文艺体裁在科普界很快就有了响应，尤其是科学寓言，已经成为寓言创作中得到公认的新品种。

在科普创作方面，叶永烈受苏联著名科普作家伊林的影响很深。伊林有句名言："没有枯燥的科学，只有乏味的叙述。"叶永烈也打过一个形象的比方：科普作家的作用就是一个变电站，把从发电厂发出来的高压电，转化成千千万万家庭都能用上的 220 伏的低压电。他认为学习自然科学是对人的逻辑思维的严格训练，而文学讲究形象思维；文、理是相辅相成并且渐进融合的，现代人都应该对文、理有所了解。

叶永烈与伊林一样，都惯于用形象化的故事来阐明艰涩的理论，能够简单明白地讲述复杂现象和深奥事物。在他们的笔下，文学与科学相融，是那般美妙。阅读他们的作品，犹如春风拂面，倍觉清爽；又好像有汩汩甘露，于不知不觉中流入了心田。他们打破了文艺书和通俗科学中间的明显界限，因此他们写成的东西，都是有文学价值的通俗科学书。

叶永烈曾经这样评述自己的创作人生："我不属于那种因一部作品一炮而红的作家，这样的作家如同一堆干草，火势很猛，四座皆惊，但是很快就熄灭了。我属于'煤球炉'式的作家，点火之后火力慢慢上来，持续很长很长的时间。我从 11 岁点起文学之火，一直持续燃烧到 60 年后的今天。"

叶永烈把作品看成凝固了的时间、凝固了的生命。他说他的一生

"将凝固在那密密麻麻的方块汉字长蛇阵之中"，又道："生命不止，创作不已。"2015 年 10 月，正当叶永烈全身心投入 1400 多万字的《叶永烈科普全集》的校对工作时，他偷闲饱含深情地写下了一段感言，通过电子邮件发送给我。在我看来，这恰是他对自己辉煌创作生涯的一个非常精彩的总结：

韶光易逝，青春不再。有人选择了在战火纷飞中冲锋陷阵，有人选择了在商海波涛中叱咤风云，有人选择了在官场台阶上拾级而上，有人选择了在银幕荧屏上绽放光芒。平平淡淡总是真，我选择了在书房默默耕耘。我近乎孤独地终日坐在冷板凳上，把人生的思考，铸成一篇篇文章。没有豪言壮语，未曾惊世骇俗，真水无香，而文章千古长在。

今天，我们推出"叶永烈科普典藏"系列，一方面是表达对这位杰出的科普大家的追思、缅怀和致敬，一方面也意在为科普创作留存一些有益的借鉴；同时也期望借此为广大读者朋友，尤其是青少年学生的科学阅读，提供一份丰盛而有益的精神食粮。

是为序。

尹传红

（中国科普作家协会副理事长，《科普时报》原总编辑）

目 录
CONTENTS

3 地壳中最多的金属——铝

4 普通的金属——锡、铅、锌、汞、铬、锰和镁

8 未来的钢铁——钛

9 放射性金属——镭和铀

写在前面的话

现在，我们生活在金属的世界。现在，人离不开金属。

在人类已经发现的 107 种化学元素①中，有 85 种是金属。金属的一家真是人丁兴旺、成员众多哩。

在中文中，要辨别某种元素是不是金属，那很简单——金属的名称一般都写成"金"字旁，如铱、铱、铂、钌、铑、钯等，唯一例外的是汞。由于汞在常温下是液态的金属，所以才以"水"为构字部件。

不属于金属的元素，就叫作非金属。

金属和非金属，一般来说，有这样四个方面的区别：

金属大都具有特殊的金属光泽，大部分是银白色的，而非金属没有金属光泽，颜色各式各样；

金属在常温下除汞是液态外，其余全是固态，熔点一般比较高，非金属有很多在常温下是液态或气态；

金属大都善于导电传热，非金属正好相反；

金属大部分可以打成薄片或拉成细丝，富有延展性，而固态非金属一般比较脆。

当然，这些区别只是"一般来说"而已。在金属与非金属之间，并没有截然的界限，中间存在着过渡状态。比如，石墨是碳，虽然是非金属，但是具有金属光泽，善于导电传热，具有金属的一些特性；锑是金属，但是很脆，不善于导电传热，又具有非金属的一些特性。

在 85 种金属中，按照不同的标准，又可以分为许多不同的种类：

---

① 现在已经制成 127 号人造化学元素。(本书所有注释均为作者注，以下不再说明。)

按照颜色的不同，分为黑色金属和有色金属。黑色金属是指铁、锰、铬，其余的金属都属于有色金属。黑色金属这名字常易使人误会，以为这些金属的颜色都是黑的，其实，纯的铁、锰、铬都是银白色的，并非黑色。不过，这名字已成了习惯，也就一直沿用下来。平常所说的黑色冶金工业，主要就是指钢铁工业。

按照比重的不同，分为轻金属和重金属。轻金属的比重小于5，如铍、锂、铝、镁、钾等。

重金属的比重大于5，如金、银、铁、铜、锡、铅等。

另外，像锗、锆、铪、铌、钽这些金属，在地壳中的含量比较少或者很分散，叫作稀有金属；

金、银、铂这些金属比较贵重，叫作贵金属；

铀、镭、钍、钚、镎等金属具有放射性，叫作放射性金属。

随着人类生产和科学技术的发展，金属一天比一天更重要了。1800年，全世界每个人全年仅能分配到0.6千克的金属，而现在比那时候增加了300多倍。据科学家们估计，全世界金属的年产量还会逐年激增，不要很久，每个人每天将可以得到1千克多的钢铁和其他金属——这比你一天吃的粮食还要多呢！

这本书将向你讲述几十种金属的历史、性能和用途。我们是生活在金属世界中的人，应该了解金属的一家的"家底"。

1 工业的基础——钢铁

从"眉间尺"的故事说起

你读过鲁迅先生的《故事新编》吗？里面有一篇叫《眉间尺》（又名《铸剑》），讲述了一个古代炼剑的动人故事：

2000多年前的春秋战国时期，现今的浙江武康县一带住着一对夫妇，男的叫干将，女的叫莫邪。他们俩是非常有名的炼剑能手，炼出来的剑，剑刃飞快，寒光逼人。

这些情况被吴王阖闾知道了，就派人把干将和莫邪叫去，要他们为他打两把剑——一把雄剑、一把雌剑。

他俩打了好几年，才把剑打成。这两把剑真是闪光万道，削铁如泥。然而，干将不愿意把这样锋利的好剑献给残暴的吴王阖闾。

于是，干将把雄剑埋了起来，只带着雌剑去见吴王。吴王大怒，立即下令把干将杀了。

他们的儿子眉间尺长大了。妈妈把爸爸被害的经过告诉他。眉间尺终于报了父仇，杀死了吴王，自己也牺牲了。

后来，人们为了纪念他们，把他们炼铁的那座山叫作莫干山。莫干山现在是著名的避暑胜地。

虽然《眉间尺》只是一个动人的民间传说，可是它说明我国早在春秋以前，就掌握了炼铁技术。

由于铁矿比铜矿更多，而且铁比铜具有更优良的性能，因此，从战国到东汉初年，即公元前 4 世纪到公元 1 世纪初，我国铁器的使用开始普遍起来，此后铁便成了我国最主要的金属。

自春秋时代以后，历代政府设有专门管理铁的生产和销售的铁官，也有专门经营铁的铁商。

西汉时代著名的文学家司马相如的岳父，便是当时临邛（今四川省邛崃市）一带最大的铁商。

炼铁工业在我国迅速地发展着，据估计，公元 997 年，宋太宗的时候，生铁产量竟达 15 000 吨，这在 1000 多年前是非常了不起的事儿，中国是当时世界上铁年产量最高的国家！

我们脚下的铁

那么，铁从哪儿来的呢？当然是来自大自然了。

铁矿很易识别，大部分铁矿都是红褐色的。

铁矿的种类非常多，共有 300 多种。据统计，铁在地壳中的含量达到 5%①。在金属的一家中，铁在地壳中的含量排第二——仅次于铝。

---

① 指重量百分比。

在宇宙中，铁也是一个重要的元素。科学家们在拍摄的各个星球的光谱中，发现几乎都有铁的光谱线，这就是说，别的星球也含有铁。

最常见的铁矿有 4 种：磁铁矿、赤铁矿、褐铁矿和菱铁矿。

磁铁矿的确名副其实，它具有磁铁一样吸铁的本领——磁性。

磁铁矿乌黑发亮，又硬又重。它的重量相当于同体积的水的 4 倍多。它的化学成分主要是四氧化三铁，含铁量约 60％。

正因为磁铁矿和磁铁一样具有吸引磁针的本领，所以，地质勘探队员们常常用指南针来查探磁铁矿。

在我国，人们很早就知道铁矿具有磁性这一特性。在古代，把磁铁矿石叫作吸铁石。秦始皇统一了中国以后，在陕西咸阳造了一座很大的宫殿，叫作阿房宫。据说，这座宫殿的北门门洞便是用吸铁石砌的。如果谁拿着铁刀或者穿着铁甲走过这个门洞，就会被吸住，这样可以防备刺客。

在古代，我国劳动人民还发现：把磁铁矿石用线悬空吊起来，它的一头永远指向北方，另一头永远指向南方。这在当时是一项非常重大的发现！在战国时代，就有人把磁铁矿琢磨成一把汤匙的样子，放在一个平滑的青铜盘上。这把汤匙的柄就会自动指向南方，叫作司南。有了司南，人们不论是在航海的时候，还是在森林中，都不会迷失方向了。后来人们又不断加以改进，制成了指南针——我国古代的四大发明之一。

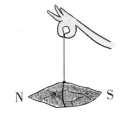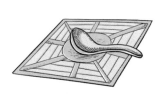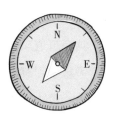

磁铁矿含铁量高，是很好的铁矿。

赤铁矿，储藏量最多，分布最广，也最重要。

乍一看去，赤铁矿像块红豆糕，表面凹凸不平。赤铁矿的颜色是红中带紫，和你夏天吃的人丹的颜色简直像极了。

赤铁矿的化学成分主要是三氧化二铁（简称"氧化铁"），含铁常在50%以上。

褐铁矿的颜色是红中带褐，化学成分主要也是三氧化二铁，但是因为还有其他一些杂质，所以含铁量比起磁铁矿和赤铁矿要少一些。

菱铁矿既硬又脆，多为黑色或者灰色，化学成分主要是碳酸铁，含铁量更少一些。

虽然褐铁矿和菱铁矿含铁量低一些，但是它们都比较容易冶炼。

另外，还有一种金闪闪的铁矿——黄铁矿。因为黄铁矿常常会愚弄人，叫人上当，把它当成金子，所以人们给它起了一个绰号，叫愚人金。黄铁矿虽名为铁矿，其实，谁也不用它来炼铁。

这是为什么？因为黄铁矿的化学成分是二硫化铁，而硫会使铁在受热的时候变脆（称为热脆），所以就不能用黄铁矿来炼铁了。在工业上，黄铁矿是制造硫酸的好原料。

天上掉下来的铁

夏夜，你在外面乘凉，有时候会看到天上忽然出现了一条亮道道，很快，这亮道道又消失了。这就是流星。

宇宙中，有许多大大小小的流星体。流星体飞近地球的时候，受到强烈的地心吸力，便从天上掉下来。一路上，和空气剧烈摩擦，发热，以致燃烧起来，便形成了流星，也就是你看到的"亮道道"。其中有一些落到地面的时候还没有烧完，这就是陨星。

这些来自宇宙的客人——陨星，大致可以分为两种：铁陨星（也叫陨铁）和石陨星（也叫陨石）。

石陨星的主要成分是石头——硅酸盐，而铁陨星除了含有一点点镍外，其余几乎全是铁。

1958 年，我国科学工作者在广西南丹县发现许多铁陨星。据考证，这些铁陨星是在明朝的时候落在那里的。另外，在新疆青河县的银牛沟里，还找到一颗巨大的铁陨星：体积 3.5 立方米，重约 30 吨。它被称为"世界上第三号铁陨星"，仅次于纳米比亚的一颗 60 吨重的铁陨星和格陵兰岛上的一颗 33.2 吨重的铁陨星。早在 19 世纪，这颗大铁陨星就已经陨落在那里，当地居民称它为"铁牛"，把那个地方叫作"银牛沟"。经过我国科学工作者化验，这颗铁陨星含有钴、硅、硫、铜等元素。

科学家们常常把这些来自宇宙的使者精心地保存起来，从它们身上探索宇宙的秘密。

钢是钢，铁是铁

钢铁，这两个字常常连在一起，是紧挨着的邻居。所以，人们常常把它们俩混为一谈。但是，钢并不等于铁，我们必须加以区别。

铁锅、铁勺和菜刀，都是用铁（指铁元素）做的。可是，它们用的铁各不相同。

做铁锅用的铁，一般是生铁。当然，它的脾气你是晓得的——又硬又脆，一敲就碎。

而铁勺是用熟铁做的。它的脾气和生铁大不相同——韧而不脆。

菜刀呢？它那锋利的刀刃却不是用铁做的，而是用钢做的。

生铁、熟铁和钢，脾气不同，用途也不相同。如果一辆汽车用生铁制造，那么，它在碰到第一个洼坑的时候，就会折断成两半；如果一把车刀是用熟铁打成，那么，用不到 5 秒钟，刀口便变成圆秃秃的了。所以，汽车和车刀应该用钢来做。

生铁、熟铁和钢的基本成分都是铁，它们之所以不同，秘密全在于铁里所夹杂着的那一丁点儿碳：生铁含碳 1.7％以上，挺脆；熟铁含碳在 0.2％以下，挺韧；钢含碳在 0.2％到 1.7％之间，韧性和硬度都很好。

铁是怎样炼成的

你一走近炼铁厂，就会感觉到自己像矮了半截似的，因为，你面对着的是一个巨人——高炉。铁就是从高炉里炼出来的。

高炉又高又大。一座日产 1000 吨铁的高炉，高达 30 米，炉身有 4000 多吨重。

高炉里，简直是座火焰山。在那里，发生着一场"争夺战"：从热风炉里送来强大的热空气流，炉底的焦炭开始燃烧，变成二氧化碳，随着空气向上跑；在炉子中部，二氧化碳遇上赤热的焦炭层，又变成一氧化碳。本来，在铁矿里，铁和氧非常"要好"，紧紧地结合在一起；但是，氧和一氧化碳更加"要好"。这样，一氧化碳夺走了铁矿中的氧，生成二氧化碳，而铁就被还原出来了。

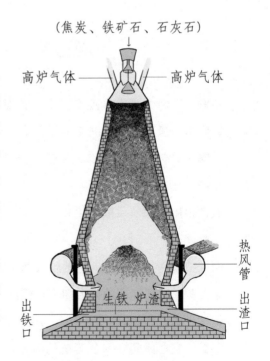

因为铁水挺重的，就沉在炉底。打开炉底的出铁口，铁水立即奔流而去，远远看去，像条白炽耀眼的"火龙"。

因为高炉旁总是站着几个巨大的热风炉进行鼓风，所以高炉又常常被称为鼓风炉。在有些报刊上，还有称高炉为炼铁炉的。

生铁与熟铁

从高炉里出来的是生铁，质地非常脆，一锤便碎。在工业上，都是把生铁熔成铁水，倒进模子重新铸造，所以生铁又叫铸铁。

也许，你已经发现这样一件事：生铁被打碎了，断口的颜色有的是灰色的，有的是白色的。

原来，生铁可分为两种：灰口铁和白口铁。它们虽然都是生铁，脾气却并不完全一样。

为什么不一样呢？让我们把它们放在显微镜底下瞧瞧。

灰口铁的断口放大了 100 倍以后，便可以清楚地看见：铁中夹杂着一片片黑色的碳。这些碳叫作游离碳或石墨析出物，黑白相间，所以灰口铁的断口看上去便成了灰色的。

白口铁虽然也是生铁，也含有 1.7％以上的碳，但是在显微镜下看不见游离碳。那么，这些碳躲到哪儿去了呢？原来，在白口铁里，碳和铁化合成了碳化铁。由于没有黑色的游离碳，白口铁的断口看上去便是银白色的了。

灰口铁的熔点比较低，熔化后流动性好，常被用来翻砂铸造成各种用具。灰口铁比较软，铸成的铁器可以拿到车床上去车光。白口铁比灰口铁要硬得多、脆得多，不宜进行翻砂铸造，也不便于进行机械加工。

因此，灰口铁的用途比白口铁要大。在工业上，绝大部分的白口铁只是用来进一步冶炼成钢或者熟铁，而灰口铁除了用来炼钢外，还有相当一部分直接用来铸造成各种铁器。

灰口铁和白口铁的形成，和生产条件很有关系：高炉流出来的铁水，如果冷却得快，碳化铁来不及分解，所得的便是白口铁；如果慢慢冷却，那么，碳化铁会逐渐分解，析出游离碳，所得的便是灰口铁。

另外，生铁中所含的其他杂质，对于形成灰口铁还是白口铁也有很大的影响：增加含硅量可以促使碳化铁分解，使白口铁变成灰口铁，使铁变软。如果增加生铁中锰的含量，能阻止碳化铁的分解，这样就可以使灰口铁变成白口铁，由软变硬。

人们制成了一种新型生铁——球墨铸铁。球墨铸铁和灰口铁一样，也含有许多游离碳，不过这些游离碳都是球状的。球墨铸铁具有很高的机械强度，可以代替钢材。所以现在世界各国都在努力生产球墨铸铁。我国的科技人员和钢铁工人创造性地利用我国丰富的稀土元素资源，把这些元素加到铸铁中，制成了新型的稀土球墨铸铁，可以用来代替钢，成本低，性能好。

熟铁是生铁炼成的。去掉生铁中的杂质，特别是其中的一部分碳，使它变成含碳量在千分之二以下的铁，就成了熟铁。

熟铁性韧，铁匠们可用铁锤，叮叮当，叮叮当，把它锻打成各种各样的用具。也正因为这样，人们又常常把熟铁叫作锻铁。

在日常生活中，熟铁的用途比较广，可以做拨火棍、铁锤、炒菜勺……不过，在工业上，熟铁就不如钢和生铁有用了，因为它太软了，机械强度不够，不宜用来制造机器。

熟铁含杂质越少就越软，不含其他杂质的纯铁甚至比锡硬不了多少。

熟铁的熔点比钢、生铁都高。纯铁在 1535℃左右才熔化，钢的熔点一般只有 1400℃左右，而生铁一般在 1200℃左右便熔化。据科学家们测定，含碳 4.3％的铁，熔点最低，在 1150℃左右便熔化。

熟铁也不耐拉，然而轮船上的锚链常常是用熟铁来制造的。这是为什么呢？原来，钢负载过重的时候，会一下就断成两截，熟铁却总是先被拉长，然后慢慢地断开，这样，在它断裂之前，人们很容易发觉，以便进行补救。

熟铁比起生铁和钢来，还有两个优点：不易锈蚀，容易焊接。

钢是怎样炼成的

炼钢，实际上就是把生铁中的一部分碳除掉，使它的含碳量降低到0.2％到1.7％之间。

炼钢是在转炉、平炉或者电炉里进行的。

炼钢的转炉，看上去挺像个歪嘴的桃子。当人们把白炽的铁水倒进去以后，从炉底呼呼地鼓进热空气，温度高达1800℃，这时候，生铁中的大部分碳在高温下遇到氧气就燃烧起来，变成二氧化碳跑掉；部分铁和铁中所含的硅、磷、硫等，也烧了起来。这样，炼钢炉便冒出长长的火舌，有时候，还迸出耀眼的火星哩。

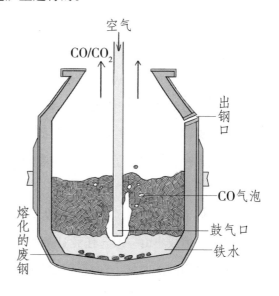

我国已经普遍采用纯净氧气来代替空气炼钢，大大缩短了炼钢的时长，还提高了钢的质量。这是因为用空气炼钢，空气中有4/5是氮气，这些氮气

跟炼钢没有什么关系，从炉子里跑过，白白带走了许多热量，降低了炉子的温度。

平炉（又叫马丁炉），过去曾经是炼钢的主力军。用平炉炼钢，几小时才出一次钢，容易控制，成本比较低，钢的质量比较高，所以过去人们常常用它炼成各种各样的钢。

转炉炼钢速度快，15分钟就出一次钢，而且容易建设。由于炼钢技术的发展，转炉炼钢的成本大大降低，并且能够炼制出各种优质钢，因而各国都大力发展转炉。现在，转炉已经逐渐取代了平炉的地位。

电炉比平炉更容易控制一些，只是成本比较高，通常，电炉只用来冶炼高级钢。

不　锈　钢

不锈钢，是大名鼎鼎的合金钢。

有的小刀就是用不锈钢做的。它一直银闪闪，不生锈。

100多年前，人们在非常起劲地研究一种制造枪膛用的合金钢。人们往钢中加入各种各样的化学元素，想提高合金钢的耐磨性能，以使枪膛能发射更多的子弹。

人们做了好多好多实验，仍旧没有什么新发现。那些没用的试制品被扔在外边，堆成小山一般，任凭日晒雨淋，变得锈迹斑斑。就在人们清理这堆钢铁试制品的时候，却意外地发现：其中有一块合金钢，居然银光闪闪、亮晶晶的，一点也没生锈！

人们如获至宝地捡起这块不生锈的合金钢，赶紧回到实验室。可是，由于进行了好多次实验，人们从记录本上已查不清这块不生锈的合金钢究竟是在第几次实验的时候制成的，搞不清楚里边加了什么元素。

人们只好把这块不生锈的合金钢送到化验室。化验的结果告诉人们：它含有很多铬！

这下子，人们从意外的发现转为自觉的研究，试着按不同比例往钢中加入铬，结果发现，加入12％左右的铬就能够制成不生锈的合金钢——不锈钢。

人们还发现，在不锈钢中除了加入铬，再加少量的镍、钼、铜、铝、硅和一些稀土金属，能够进一步提高它的抗锈本领。

不锈钢非常漂亮，像银子一样，永远亮光闪闪，抗腐蚀能力很强。做小刀不过是不锈钢微不足道的一项用途罢了。在工业上，到处需要不锈钢。

用不锈钢制成的刀、匙、叉、锁、钟表、医药器械和科学仪器，清洁、美观，而又经久耐用。

翻开化工厂的设计图看看，那蓝图上常常有这样的字样："此处应用不锈钢制。"这是因为在化工厂里，尽是酸呀、碱呀、氯气呀、水蒸气呀，用普通的钢板制的容器，使用不了多久，便会烂穿，只有采用不锈钢，才能坚守这样"艰苦"的岗位。

另外，像汽轮发电机中的叶片、合成纤维的喷丝头、食品工业中的容器和管道以及许多精密的仪表等，也常用不锈钢来制造。

当然，不锈钢只是在一般的情况下不生锈。在受到一些强烈的腐蚀剂侵蚀的时候，它也会生锈——不过不像一般的钢铁锈得那么厉害。

锰　钢

在炼钢的时候加入锰，就可以得到锰钢。

早在200多年前，人们便制成了锰钢。然而，谁也不愿意使用它，因为人们发现，在钢中加入锰，钢虽然变硬了，同时也变脆了。钢中锰的含量增加到 2.5％的时候，简直脆得一碰就碎，什么用场都派不上；如果钢中的含锰量达到 3.5％，那更脆得如同玻璃。

第一个给锰钢带来新生命的人，是英国年轻的冶金学家哈德菲尔德。当时，哈德菲尔德天天在他父亲的炼钢厂里进行各种实验，想找到一种适宜于制造有轨电车车轮的硬钢。

哈德菲尔德进行了一次又一次的实验。虽然那时候许多人都认为锰钢是"禀性难移"，没什么指望的，然而，哈德菲尔德不断地增加钢中的含锰量，看看它到底是不是还会变脆。

奇迹出现了：当钢中的含锰量增加到 13％的时候，锰钢却变得既坚硬，又富有韧性！

从这以后，锰钢顿时身价百倍，很多地方都要用到它。

现在，铁路钢轨交叉处，掘土机的铲斗、钢磨、滚珠轴承，都常用高锰钢制作。

1973 年，上海建造了一座能够容纳 18 000 人的大型体育馆。这个体育馆是圆形的，直径 120 米，大厅中间居然没有一根柱子！它的整个屋顶就是用坚固的高锰钢管焊成网架状做成的，所以中间没有柱子支撑也吃得消。

在军事上，高锰钢用来制造钢盔、坦克装甲等。

高锰钢不仅既硬又韧，而且当它加热到淡橙色的时候，变得十分柔软，很容易加工。

有趣的是，高锰钢（含锰 14％以上）不同于一般的钢和铁，它不会被磁铁所吸引。这种钢适合于做军舰上的舵室和一切接近罗盘的钢铁机件。因为罗盘附近的钢铁机件一旦有了磁性，就会使指南针受到吸引，指偏了方向。

其他的合金钢

除了不锈钢、锰钢，还有其他的许多种合金钢。

在我国古代，常传说有所谓"削铁如泥"的宝刀。在《水浒传》"杨志卖刀"一回中，用"吹毛得过"来描写杨志的那口宝刀的锋利：把头发放在刀刃上，吹一口气，头发就断成了两截！这些固然只是艺术上的夸张，但是我国古代的宝刀、宝剑非常锋利，却是事实。

为什么古代的宝刀、宝剑那么锋利呢？考古工作者进行了仔细的研究，发现它们都含有钨。

在第一次世界大战中，英国初次使用坦克的时候，在战场上势如破竹，纵横驰骋，如入无人之境。因为坦克穿着厚厚的钢甲，一般的炮弹对它无可奈何。然而，有矛就有盾。不久，英国的坦克就被德军一辆辆击毁了，德军的炮弹穿过厚厚的钢甲，射进坦克内爆炸了。英国人仔细分析了德军弹头的成分，发现其中加入了新的合金元素——钨。

钨是所有金属中最不怕热、熔点最高的一个。自然，在钢中加入钨，制成的钨钢，也继承了这种优良特性。用普通的碳素钢做的车刀，加热到250℃以上，便会变软，自然也就没法切削金属了；然而，钨钢做的车刀，温度高达1000℃，仍然坚硬如故。也正因为这样，钨钢的炮弹头具有很强的穿透力。

普通的车床，每分钟用1000转的转速加工零件，车床主轴每分钟转1万转；纺纱机轴转得更快，每分钟达3万转，而有的电动机轴则高达每分钟12万转。当机轴高速旋转的时候，相互摩擦，温度急剧上升。这些"艰苦"的地方，人们也常常派钨钢去。

枪筒、炮筒在连续发射的时候，被子弹、炮弹摩擦得火红、滚烫，所以这些东西也得用钨钢来制造。

有趣的是，在第一次世界大战中，当德军的炮弹击穿英军的坦克钢板后，英军又对坦克钢板加以改进。他们在钢中加入一些铬、锰、镍、钼等元素，结果大大提高了坦克钢板的硬度和强度。这种新型的坦克钢板厚度虽然只有原来的1/3，但是德军的炮弹不能击穿它。

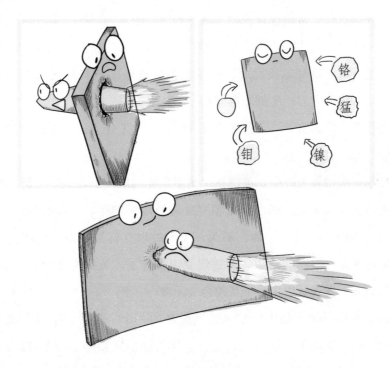

铬能提高钢的硬度和强度，而镍能增加钢的韧性和可塑性。如果在钢中既加了铬，又加了镍，便可以得到性能优良的镍铬钢。

硅钢（又名矽钢）也是英国冶金学家哈德菲尔德在20世纪初发明的。硅钢是大名鼎鼎的制造变压器的好材料。变压器如果用普通的铁做铁心，常常会发热，消耗大量的电能，而用硅钢，则几乎不会消耗电能。

还有别的脾气奇特的合金钢：钒钢异常锐利，用它来制造炮弹头，可以射穿40厘米的优质钢板；含镍36％的合金钢，在100℃以下的温度中，几乎不随着温度的变化而膨胀或者收缩，很适宜制造精密量具；钴钢是用来制造快速切削刀和其他切削工具的好材料。

至今，人们已经生产出几千种标号的合金钢，来满足工业生产的各种需要。

钢铁在工农业生产中占有极重要的地位。钢铁工业发展的水平，在一定程度上反映了一个国家生产发展的水平。世界钢铁的年产量也在逐年激增：1700 年为 10 万吨，1800 年为 80 万吨，1900 年突增至 4190 万吨，2020 年已超过 18 亿吨。

铁　锈

你削铅笔的小刀，要是不小心沾了水，过几天，你再看看，它身上会长满铁锈。

人们常常把贵重的东西锁到保险柜里。金子在保险柜里躺上几千年，可以分毫不差。铁却不然，即使在保险柜里，它也会生锈。这固然是因为它的化学性质活泼，同时也和外界条件很有关系。

奇怪的是铁在干燥的空气里，放了几年也不会生锈；把铁储备在煮沸的、干净的水里，也很久不会生锈。

你注意到竖立在河水里的那些铁管或者铁柱吗？它们常常是上边远离水面的部分不锈，泡在水下较深的部分也不锈，只有靠近水面的那一段才生锈。

原来，钢铁只有接触潮湿的空气，或者泡在溶有大量氧气的水里，才容易生锈。靠近水面附近，空气中水汽最多，水中溶解的氧气也最多，所以最易使铁生锈。空气中的二氧化碳溶解在水里，也能使铁生锈。

铁生锈，实际上就是铁和氧气、二氧化碳、水相互作用所发生的一场复杂的化学变化。一般来说，铁锈的成分也很复杂，主要是氧化铁、碳酸铁和氢氧化铁的混合物。

铁锈又松又容易吸水。

据测定，一块铁完全生锈之后，体积比原先增加了 10 倍。

铁器表面生了锈，不仅不能保护里层的铁，反而使得里层的铁更加容易被锈蚀。所以，有了锈斑以后的铁器，常常会很快烂个大洞。

据估计，全世界每年因锈蚀而损失的钢铁占全年产量的 1/3。

保护钢铁

人们决不能坐视空气中的氧气这般猖獗地从人们的手中"夺走"那么多的钢铁。

人们想出了种种办法来保护钢铁，保护劳动果实。

最普通的办法是给铁加上一层保护膜。

战士们常常用擦枪油擦枪，那就是给枪涂上一层油膜，使它和空气隔绝，可以防锈。

有时候，人们也给铁镀上一层难锈蚀的金属：像自来水笔笔尖，就是镀了镍或铬；做罐头盒子的马口铁，那是镀了锡；用途广泛的白铁皮，那是镀了锌……

卡车、摩托车、汽车的车身，五颜六色，那是喷上了一层喷漆。军舰、轮船整天在水里泡着，极易生锈。据说，曾经有一艘没有涂漆的轮船从伦敦开往华盛顿，由于锈蚀，不得不在半途抛锚。现在，人们在船舰上涂了一层又一层的油漆，保护钢铁做成的船身。

不过，油漆会老化、脱落，所以每隔一段时间，又得铲去旧漆，重刷新漆。据说，法国巴黎最高的建筑物——埃菲尔铁塔，每年都得涂新漆。

至于你那茶缸、脸盆，那是加上了另一种保护层——搪瓷。不过，搪瓷容易裂落，特别是在受热的时候，因为搪瓷和铁的膨胀程度不一致。为了保护这层搪瓷，不要把搪瓷制品放在火上烤或者猛撞乱摔。

另外，人们还采取在冶炼钢铁的时候加入其他金属的办法，制成抗锈合金。像前面已经讲过的不锈钢，便是大名鼎鼎的抗锈合金。

然而，也并不是一切铁锈都是又松又吸水的。一把沾了水的小刀，放在火上一烤，表面就会变蓝。这层蓝色的玩意儿，就是铁锈。不过，这不是普通的铁锈，而是在高温下，铁和水发生化学反应，生成的四氧化三铁。它的颜色是蓝色的。

别瞧不起这层蓝色的薄膜，它能像一层油漆一样保护钢铁哩。你瞧瞧：解放军战士手里握的枪，可不是乌黑发亮带着深蓝的颜色吗？钟表的指针、发条，也常常是黑里透蓝。那都是因为外表有一层四氧化三铁薄膜的缘故。中国最著名的剪刀有两种：杭州的张小泉剪刀和北京的王麻子剪刀。张小泉剪刀是银闪闪的，那是因为表面镀了一层镍；而王麻子剪刀是黑色的，那便是表面一层四氧化三铁的颜色。

工厂里，人们常常用这样的方法使铁穿上蓝黑色的"外衣"：把铁器表面的油污和锈斑除净，浸到氢氧化钠和亚硝酸钠的混合溶液里，在138℃—142℃的温度下处理十几分钟，结果，铁器表面便生成了一层致密的四氧化三铁。人们管这个过程叫发蓝处理。

另外，如果把铁器浸在96℃—98℃的磷酸锰铁溶液中进行化学处理，可以在铁器表面生成一层灰色或者褐色的磷酸盐薄膜，同样能防锈，这个过程叫磷化处理。

有趣的是，考古工作者在一个古墓中发现了我国秦朝的一把宝剑，居然经历了 2000 多年没有生锈！经过考证，才查清我国在古代就已经懂得用铬化合物来进行表面处理，形成铬酸盐薄膜，防止生锈。

现在，由于人们采取了种种有效的防锈措施，每年因生锈而损失掉的钢铁已经大大减少了。

人类在保护着钢铁。

五光十色的铁化合物

纯铁是银白色的，铁的化合物却是五光十色的。蓝黑墨水里有铁的化合物，棕色颜料里有铁的化合物，绿色的晶体——绿矾是铁的化合物，设计房屋的蓝图要用到铁的化合物，甚至连我们身体里那殷红的血，它的成分里也含有铁的化合物。

用蓝黑墨水写字，可真有意思：刚刚写下的时候，字是蓝色的，可是，过了不久，字变成黑色的了。蓝黑墨水，便是因此而得名的。

这是怎么回事呢？

原来，这是铁在变戏法：蓝黑墨水的主要成分是鞣酸亚铁。人们在制造蓝黑墨水的时候，把鞣酸和硫酸亚铁溶于水，它们相互作用，便生成了鞣酸亚铁。鞣酸亚铁既不是蓝色的，也不是黑色的，而是浅绿色的。自然，这种墨水用起来很不方便——颜色太淡了。于是，人们又往里面加进一种蓝色的有机染料。这样，蓝黑墨水便呈现蓝色了。可是，当你把它写到纸上，和空气相接触，蓝黑墨水的鞣酸亚铁便被氧气氧化成鞣酸铁了。鞣酸铁是黑色的沉淀，这样，字迹便由蓝变黑了。你现在该明白了，在你给钢笔灌完墨水以后，为什么一定要把墨水瓶盖盖紧。

铁锈是棕褐色的，这你是知道的，可你知道你用的棕褐色颜料就是铁锈——三氧化二铁吗？棕色的油漆也含有它。

这棕色颜料的历史可悠久哩。人们在北京周口店中国猿人居住的洞穴最上部，发现了山顶洞人的遗迹。山顶洞人距今已经有 18 000 多年了。在山顶洞人的遗迹中，考古工作者找到一串串最原始的项链。这些项链是用线把一颗颗青鱼的上眼骨穿起来做成的。青鱼的上眼骨是白色的，线是红褐色的。据考证，这些红褐色的线就是用赤铁矿粉（三氧化二铁）染成的。这样一串红线白珠的项链，在那遥远的古代要算是非常美丽、非常珍贵的装饰品了。

绿矾，你听说过吧！它实际上就是含水的硫酸亚铁的晶体。如果小心地把绿矾中的水全部除去，那么，硫酸亚铁将变成白色粉末——无水硫酸亚铁。绿矾在农业上是十分重要的农药，也是制造蓝黑墨水必不可缺的原料。

你看到过人们把绘制好的图样晒成蓝图吧！蓝图就是利用柠檬酸铁铵和赤血盐（学名叫铁氰化钾）这两种铁的化合物的一些特殊性质晒成的：柠檬酸铁铵中的铁离子经过曝光，会变成亚铁离子；赤血盐能和亚铁离子生成名叫滕氏蓝的蓝色沉淀。将描有图样的薄纸覆盖在涂有柠檬酸铁铵和赤血盐的晒图纸上曝光，经过冲洗，晒图纸上没有受光的部分仍为白色，受光的部分则因生成了滕氏蓝沉淀而变成蓝色。这样，就得到了蓝底的白色图样。

至于我们的血液，它之所以红，那是因为含有血红素。在血红素的分子中，铁是"主角"——核心原子。贫血的人，大都是因为身体里缺乏铁。因此，大夫常常给贫血病人吃铁的化合物——硫酸亚铁等。

人体中的铁，有 75% 存在于血红素中。而人体的其他组织中，也含有铁，因为铁是细胞呼吸过程中不可缺少的催化剂。除了血液，人体中含铁最多的部分是肝和脾。

植物也离不了铁，因为铁是制造叶绿素不可缺少的催化剂。如果一盆花缺铁，那么，花很快就会失去艳丽的颜色和沁人心脾的香气，叶子也会发黄，变得萎靡不振，没有一点精神。

在一般土壤里，铁是蛮多的。红土之所以是红色，便是由于含有红色的氧化铁的缘故。不过，也有些土壤里缺乏铁，那么，就得往土壤里施加铁肥——硫酸亚铁。

2 电气化的支柱——铜

哪里来的孔雀石

1929 年，我国的考古工作者在河南安阳一带进行发掘，找到了许多漂亮的翠绿色的石头——孔雀石，最重的一块有 18.8 千克。孔雀石是炼铜的矿石。

这些孔雀石是从哪儿来的呢？因为安阳附近并没有什么孔雀石矿。

接着，人们又在安阳附近的小屯村，发掘到许多木炭、烧过了的泥土以及一些碎铜块，铜制的戈头、矛头、刀、斧、残破的钟和鼎等东西。

考古工作者的详细考查证明：安阳是我国古代的铜都。那些孔雀石是从外地运来炼铜用的，那些木炭、烧过了的泥土是炼铜炉的遗址，而那些碎铜块和古铜器，是炼铜的产物和废品。

据考古学家和史学家们考证：我国早在公元前 2500 年到公元前 2000 年之间，也就是 4000 年之前，便懂得了怎样炼铜，怎样用铜制成日常工具、祭器、兵器和家具。秦始皇在统一中国之后，怕人民造反，便把天下所有的兵器都收集起来，熔铸了 12 个"金人"。这"金人"就是铜人，因为那时的兵器差不多都是用青铜做的。

1939 年在河南安阳出土的司母戊鼎，重达 875 千克，是我国到目前为止发掘出来的最大的青铜器，也是世界上最大的青铜器。在 3000 多年以前就能够铸造出这样的大鼎，充分说明我国古代的炼铜技术是世界第一流的！

工业上离不开的铜

在工业上，到处需要铜和铜的合金。不论是制造汽车还是火车，不论是制造机器还是武器，都少不了铜，因为有许多机器的零件，不能用钢铁而要用铜和铜的合金来制造。

请看以下数字：

1 台火车头需铜 500 千克；

1 台拖拉机需铜 31 千克；

1 辆载重汽车需铜 21 千克；

1 架 1 万纱锭纺纱机需铜 440 千克；

100 万发子弹需铜 14 吨。

使用铜最多的地方，是电气工业和国防工业。

美丽的 "金发"

一家外国杂志编辑部曾经收到一个奇怪的包裹，拆开一看，里面竟是一束柔软的 "金发"。是哪一个姑娘开玩笑，把 "金发" 寄到编辑部来了？

编辑们纷纷猜测着、议论着。

待编辑们在包裹里找到说明书，这才明白：这是一束极细的铜丝！

这束金发般的铜丝，原来是一个冶金研究所制成的。他们用一滴水那样大小的纯铜，拉成长达 2000 米的细铜丝。自然，这么细的铜丝，不是用来装电灯的，而是用来制造袖珍半导体收音机的。

纯铜具有很好的延展性。

纯铜不仅可以拉成细丝，还能打成比你现在看着的这页书还薄得多的铜箔，看起来像是透明的，风一吹，就飞了起来。

纯铜的导电、传热本领也是非常好的，仅次于银。在电气工业上，到处都离不了铜。电线、电开关、电扇、电铃、电话，都需要大量的铜。现在，世界上每年生产的铜有 50％是用于电气工业。当你在电灯光下看这本《金属的世界》的时候，电流正顺着长长的铜的"道路"，从发电厂跑来为你服务。

不过，电气工业上所需要的铜，都是非常纯的，含铜常常要求 99.99％以上。如果铜中含有一丁点儿杂质，如氧、铋、铅、磷、硫、锑等，就会大大增加它的电阻，而消耗电力。

铜　　镜

1956 年，人们在日本本州中部冈山市的一座古墓里，发现了 13 个金属的圆盘。

这些圆盘是干什么用的呢？

有人说，这是古代烤饼用的烤盘；有人说，这是古代的扇子；也有人说，这是古代的一种装饰品。

最后，人们才弄明白：这是中国古代制造的青铜镜，后来传到日本的，估计已有 1800 多年的历史了。

青铜镜是镜子的老祖宗。在我国，很早就有青铜镜了。1976 年春，在河南殷墟的妇好墓中，发现了青铜镜——这是我国现在发现的年代最早的青铜镜，距今 3200 多年了！

唐太宗李世民有句名言："夫以铜为镜，可以正衣冠；以古为镜，可以知兴替；以人为镜，可以明得失。""以铜为镜"中的"镜"，便是指的青铜镜。描写花木兰替父从军的《木兰辞》里，有一句："当窗理云鬓，对镜贴花黄。"这"镜"，也是指青铜镜。

在我国古代，街头巷尾常有叫喊"磨镜呀，磨镜呀"的工匠，专门用磨石替人家磨青铜镜。

青铜是铜和锡的合金。和纯铜不同，青铜有着一副黝黑的脸膛。

青铜，常常被人们用来铸造塑像和各种器具。特别是在公元前 1000 年左右，不论是工具、祭器还是兵器，都用青铜来铸造。在历史上，这一时期叫作青铜时代。

现在，虽然人们不用青铜来做器具了，然而，人们在铸造塑像的时候，仍然离不了青铜。因为青铜有一个突出的特性：热缩冷胀。很多金属在受冷后要收缩，而青铜受冷后却会变胖——膨胀起来。这样，青铜铸造出来的塑像，眉目清楚，轮廓正确。

青铜也很耐磨。青铜轴承，是工业上有名的耐磨轴承。那转得飞快的纺纱机里的轴承，很多是用青铜做的。

在青铜中加入 5％—12％的铝，可制成铝青铜。铝青铜同样极为耐磨。不过，由于铝青铜格外漂亮，看上去金光闪闪，简直像黄金，因此，人们往往用它来冒充金子，制造首饰、纪念章、金粉和金箔。那些硬皮大本书的烫金大字，那些金光闪闪的徽章、别针，都是用铝青铜做的。

铜管乐器的主角

节日里，锣鼓喧天。那锣、钹、铃、号，都是黄铜造的。甚至号、口琴的簧片也都用黄铜来做，这是由于黄铜受震动后，能发出优美悦耳的声音。

黄铜，是铜和锌的合金。常见的黄铜，含有 70% 的铜和 30% 的锌。

我国很早就会制造黄铜。我国古代的许多铜币，都是用黄铜铸造的。

黄铜很硬，而且不易锈蚀。在国防工业上，黄铜大量地被用来制造子弹壳和炮弹壳。

黄铜的颜色很像黄金。和铝青铜一样，黄铜也常常被用来"冒名顶替"黄金，制成金粉、金箔和金漆。

并不是"德银"

不仅有像金子一样的铜合金——黄铜，也有像银子一样的铜合金——白铜。

白铜雪白银亮，是铜和镍的合金。

按照化学史上的说法，西欧的科学家们认为镍是 1751 年瑞典矿物学家克朗斯塔特发现的。然而，首先知道利用镍的，并不是这位瑞典矿物学家，而是中国人。我国早在 1751 年前 1000 多年，便学会了用镍和铜来制造白铜。现在波斯语和阿拉伯语中还把白铜称为"中国石"哩。

十七八世纪，东印度公司从我国广州购买了各种白铜的器具，远销德国、荷兰、瑞典、英国这些欧洲国家。在英国古式的家庭中，常常可以找到银光闪闪的蜡烛盘等器具，那便是用中国的白铜做的。后来，德国人学着中国的方法，大量地进行仿造。所以在过去，有人把白铜称作"德银"。其实，白铜的祖国是中国。

用白铜做的器具，不但银光闪闪，而且不容易生铜绿。所以，白铜常常被用来制造精密仪器和装饰品。北京的白铜墨盒，便是相当出名的。

白铜的导电、导热性能很差，只被用来制造电阻箱、热电偶等。

铜的"面纱"

新的紫铜锅只消熬过一次粥，表面立即蒙上一层暗晦的"面纱"；铜壶、铜锁、铜徽章等，时间长了，也都会披上一件黑罩衣。

为什么它们的表面会发暗呢？

这是铜生锈啦！

铜的这层锈学名叫作氧化铜。它跟粗松的铁锈不一样，能紧密地贴在铜的表面，保护着铜。

不过，在普通的温度下，金属铜不与干燥的空气中的氧气化合。如果加热，铜的表面会逐渐变黑，也就是生成了氧化铜，当温度升高到1100℃的时候，氧化铜又会变成氧化亚铜。

氧化亚铜是红色的，有毒。轮船的船底常常漆成红色，那油漆里便掺有少量的氧化亚铜和氧化汞，用来防止寄生的动植物在船底生长。

铜还能和二氧化碳、醋发生作用，生成铜绿——碱式碳酸铜和碱式醋酸铜。一些青铜塑像、铜器表面，常常生着绿色的斑点，那便是空气中的二氧化碳和铜作用后生成的碱式碳酸铜。

铜绿是有毒的。如铜锅烧菜，锅外经常用火烤，既接触高温又接触二氧化碳，锅里烧菜——常常和醋、盐、水打交道，在"内外夹攻"之下，铜锅很容易腐蚀而生成铜绿，跑到食物里头去。为了防止铜锅被腐蚀，人们常常在铜锅内壁镀上一层锡，因为锡的化学性质比较稳定，不易锈蚀。

点铁成金

晚会上，常常有这样的节目：点铁成金。

大幕徐徐拉开。魔术师大摇大摆地走上台，一手拿着一杯蔚蓝色的水，一手拿着根铁钉。他把铁钉扔进蓝水里，过了一会儿拿出来，咦，铁钉果真变成金光闪闪的"金钉子"了。

其实，这是化学戏法，你晓得底细以后，也会变。

点铁成金的底细：那天空般蔚蓝的水，是硫酸铜溶液。铁的化学性质比铜活泼，它能把硫酸铜里头的铜顶替出来，自己变成硫酸亚铁。被顶替出来的铜附在钉子的表面，铁钉就变成"金钉"了。在化学上，这叫置换反应。

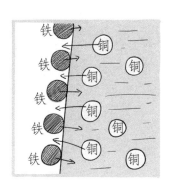

西汉刘安著的《淮南万毕术》里，就有"曾青得铁则化为铜"的记载。这里的"曾青"就是硫酸铜。说明我国人民在很早以前便知道"点铁成金"了。

硫酸铜有个俗名叫蓝矾。它的确名不虚传，硫酸铜非常漂亮，那鲜蓝色的晶体，格外逗人喜爱。这是因为铜离子很容易和水结合成水合铜离子，而水合铜离子是蓝色的，所以含有结晶水的无水硫酸铜是蓝色的；而无水硫酸铜则是白色的。铜的其他许多含水化合物，也常常是蓝色或者绿色的。

在农业上，硫酸铜是非常重要的农药。虽然单独用硫酸铜也能杀死许多病菌，然而，平常人们总是把硫酸铜与石灰按一定比例配合起来使用。这种混合药液，叫作波尔多液。

为什么要把硫酸铜与石灰混合起来使用呢？说起来，这里头有一段故事。

1878 年，欧洲流行葡萄霜霉病，很多葡萄园都颗粒无收。然而，法国波尔多城发生了一件怪事儿：有一家葡萄园靠近马路两旁的葡萄树，都平安无事。

这件事引起波尔多大学教授米拉特的注意。他特地去拜访了葡萄园的园工。园工们笑着告诉他：马路两边的葡萄，常常被一些贪吃的行人摘掉。他们为了防止行人偷吃葡萄，就往这些树上喷了一些石灰水，再喷些硫酸铜。石灰是白色的，硫酸铜是蓝色的，喷了之后，葡萄树像蓝白相间的金钱豹似的，行人们见了，以为这树害了病，便不敢再吃它长的葡萄了。

米拉特听了以后，就想：马路两边的葡萄树并不害霜霉病，一定是和树上的石灰、硫酸铜有关系。

于是，米拉特便根据这个线索钻研下去，经过几年的努力，终于在1885 年制成了石灰和硫酸铜的混合液。这种混合液具有很强的杀菌能力，能够保护果树不受病菌的侵害。由于这种混合液是在波尔多城发现的，并且从 1885 年起就在波尔多城普遍推广使用，所以人们把它称为波尔多液。

现在，波尔多液成了农业上大名鼎鼎的一种杀菌剂，被广泛地用来防治马铃薯晚疫病、梨黑星病、苹果褐斑病、柑橘疮痂病、葡萄霜霉病、甜菜褐斑病、枣锈病等。

有时候，硫酸铜也单独使用，溶解于水，变成溶液喷洒，用来防治谷类黑穗病。低级植物也很怕它，如果在水池中倒入少量的硫酸铜，藻类杂草便会被毒死，所以常用它来防止藻类的滋长。

铜和生物学

硫酸铜不但是著名的农药，还是著名的微量元素肥料——铜肥哩。

在过去，生长在有些泥炭土壤上的植物，枯萎矮小，弱不禁风。于是，曾有一些人认为这种泥炭土壤根本不适于耕种。

后来，人们终于找到了病因——土壤里缺乏铜。

人们"对症下药"，往土壤里加入少量的铜肥——硫酸铜，庄稼便长得十分茁壮茂盛。小麦、大麦、燕麦、甜菜等的产量，都成倍地提高了。

在缺铜的土壤上，不仅庄稼长不好，更有趣的是：如果牲畜吃了这种土壤上生长的草，也会得嗜异病。生了这种病，牲畜食欲减退，显著地表现出贫血现象。原来，牲畜也非常需要铜哩。

铜，为什么那样重要呢？人们发现，原来铜原子是细胞内氧化过程的催化剂。少量的铜，无论是对植物、牲畜还是人的正常发育，都是必要的。

3 地壳中最多的金属——铝

拿破仑三世的铝盔

现在，如果说铝曾经像金子一样贵重，你一定不相信。

现在到处是铝，可是，在 100 多年前，铝被认为是一种稀罕的贵金属。当时，如果谁说要用铝来做一个脸盆或一个饭锅，那么，这个人不被看成个奢侈的花花公子，也会被看成个可笑的空想家。

在 100 多年前，根本没有炼铝工业。直到 1854 年，法国化学家圣克莱尔·德维尔发明用金属钠来制取铝，这才使铝从实验室走出来。不过，当时金属钠很贵，制成的铝当然也很贵——价格和黄金差不多。

那时候，铝只是被用来制作首饰。铝制首饰曾经成为巴黎最时髦的玩意儿。那时候，法国统帅拿破仑三世特地叫工匠们制作了一顶铝的盔帽，以显示他的尊贵。拿破仑三世还叫工匠们打制了一套铝质的餐具，不过这套餐具，只有在盛大的宴会上，他才舍得拿出来用。

1886 年，美国化学家豪尔发明了大量生产铝的新方法：在冰晶石与矾土的熔融混合物中通入电流进行电解。这时候，铝才开始从首饰店的橱窗里解放出来，走向生活的每一个角落，广泛地为人类服务。

泥巴是铝的母亲

雨后，人们在田间泥泞的小路上走过，谁都诅咒那溜滑的泥巴。

然而，泥巴是铝的母亲哩！我们脚下的大地——泥土，就是蕴藏丰富的铝矿！铝占整个地壳重量的 8.23%，差不多比铁的含量多一倍！

我们平常用的瓷器，像茶壶啦、盘子啦、碗啦、杯子啦，都是用高岭土烧成的。如果用你盛饭的小瓷碗去炼铝，所得的纯铝大概足足可以做一把给你舀菜汤的小匙。

一般来说，泥巴里含有 15%—20% 的铝。不过由于泥巴中的杂质很多，现在炼铝厂并不是用普通泥巴来炼铝，而是用铝土矿、霞石、明矾石炼铝。

不过，这说的仅仅是现在！既然泥巴里含有不少铝，到处又都有泥巴，而铝的用途又如此之广，那么，随着炼铝技术的发展，将来，普通的泥巴一定可以用来炼铝，也一定会被用来炼铝。

没有烟囱的工厂

炼铝厂与钢铁厂大不相同：在这里，没有高耸入云的烟囱，没有吐着火舌的高炉，只有纵横交错的粗重的地下电缆与巨大的变压器。

炼铝厂是电的世界。在这儿，要大量地消耗电能。

人们从铝矿中提取出纯净的白色氧化铝。然后，放到电解槽中，加入冰晶石熔融电解。我们走进电解车间，可以看到许多黑色的"箱子"——电解槽。这些电解槽是用石墨做的。

氧化铝是个脾气倔强的家伙，很难熔化，熔点高达2050℃。但是，人们往氧化铝中加了冰晶石以后，它就变得驯服多了，熔点一下子降到1000℃以下。

一通电，氧化铝的分子被电流"撕碎"——电解。银闪闪的金属铝，便释放出来了。

电解铝，要消耗大量电能。人们曾把铝称为"电能的消耗者"。在几十年前，要获得1吨铝，竟要消耗掉40万千瓦小时电能，经过人们不断的努力，消耗的电能才一再降低，铝的价格才一再下降。现在，提炼1吨铝，大约需要16 000千瓦小时电能。

古怪的脾气

纯铝很听话，延展性能挺好。包香烟和糖果的"银纸"，其实就是铝箔。物理学上说，铝的导电本领要比铜差：在电压与导线截面大小相等的情况下，铝导线上通过的电流要比铜线少。

然而，这不等于说铝不如铜。铝轻，这是铝胜于铜的地方。铝的比重几乎只占铜的1/3。拿两块重量相同的铝与铜比较，铝的体积是铜的三倍。这样，人们可以把铝线做得粗一点，增强它的导电本领。

1吨铝，如果用来做电线、电缆，常常可以顶2吨多铜用。而且，铝矿比铜矿多得多，铝的价格又比铜便宜。这样，在电气工业上，铝就成了铜的竞争者。

现在，我国工业上用的很多电动机、电线，都是用铝做的。在我国的第一条电气化铁路——宝成铁路线上，由于采用铝导线代替铜导线，大大降低了建造的成本，为国家节约了宝贵的铜。

纯铝能很好地反射光线，所以探照灯的反射镜常常镀着一层纯铝。

在日常生活中，被人们叫作钢精的东西，都是用铝做的。

你一定有这样的经验：有的铝勺一摔就碎，而铝饭盒即使摔扁了，也不会碎。

这是为什么？正如铁有生铁与熟铁之分一样，铝也有生铝与熟铝之分。生铁与熟铁的不同，在于它们的含碳量不一样；生铝与熟铝的不同，在于它们所含的杂质多少不一样。

熟铝是比较纯净的铝，它比较柔软，可以碾压成各种各样的形状。日常用的铝锅、铝饭盒、铝片、铝线、铝管，都是用熟铝做的。

生铝往往是再生铝，是把那些破铝锅、破铝勺收集起来重新熔炼得到的。生铝杂质多，很脆，一敲就碎。所以生铝不能用锤子打成各种用具，只能用翻砂的办法铸成器皿。

漂亮、轻盈、耐氧，是铝的优点。不过，铝也有致命的弱点：太软了。

正如工业上很少使用纯铁，而是使用铁的合金——合金钢一样，工业上也很少使用纯铝，而是使用铝的各种合金。

在普通的铝中加入 4% 左右的铜和少量的镁、锰、硅，铝就硬起来了，成了硬铝。

硬铝，顾名思义，就是坚硬的铝。它有个古怪的脾气：与钢恰恰相反，淬火之后，不会变硬，反而变得很软。但是，它又不是永远软下去，在普通的室温之下过了一个星期，它又变得非常坚硬。无论强度还是硬度，都比淬火前增加了三倍。

人们就利用硬铝的这个怪脾气，先把它淬火，使它变软，再用锤、刨、锯、钻之类的工具，把它做成需要的形状。然后，把它放在一边，让它"休养"。过了一个星期，硬铝又硬起来了，再把它装在机器上，让它老老实实地为人类服务。

淬火

刨

锤

钻

锯

铝铆钉

到处受欢迎的材料

铝最显著的特点是质地轻。因此，它首先在航空工业上得到广泛的应用。可以说，没有铝便没有航空工业。现代一架普通的飞机上，大约有几十万个硬铝做的铆钉。机身、机翼、机尾、引擎的许多部件，也都是用硬铝做的。据统计，铝合金的重量约占全机重量的70％。

几十年以前，铝还只是翱翔在地面附近的大气层中。如今，铝飞得更高，已经遨游太空了。不少人造卫星的密封外壳以及其他部件都是用铝合金做的。

今天，公共汽车的整个车厢几乎都是用铝的合金做的。铝制汽车比钢制汽车轻得多，跑同样多的路就可以少消耗许多汽油。

据实验，用同样多的燃料，钢制汽车可以跑 100 千米，铝制汽车就可以跑 300—400 千米。

铝也与铁路、河流、海洋打上了交道。

用铝来制造火车车厢，用硬铝来做车轮，机车的牵引效率能提高一倍。

江河上已出现了铝制小艇，而那些庞然大物——远洋巨轮的甲板、隔板、船舱上部结构与烟囱，也用铝来制造。

用铝和铝合金来建筑桥梁，可以更经久耐用，而且跨度很大。

驰骋在田野上的拖拉机，地下的"穿山甲"——采煤机、凿岩机，工作在码头的起重机与挖泥船，"人造龙王"——人工降雨机与农业排灌设备，等等，都与铝有着千丝万缕的联系。

铝是一种重要的国防金属。谁都知道，武器越轻、越结实越好。许多舰艇、装甲车、雷达设备、大炮、自动武器，都用铝与铝合金来制造。

许多国家都在建造一种新型高速船舶——气垫船。气垫船在航行的时候离开水面，所以船身越轻越好。很自然地，也看中了铝，气垫船的整个船身都是用轻盈的铝和铝合金做成的。

铝在建筑工业上，也是一种好材料。在工厂里，常常使用铝梁、空心铝壁板以及其他铝制构件。据统计，现在全世界生产的铝，几乎有 30% 用于建筑工业。

建筑工业的尖端技术——薄壳结构，在我国得到了广泛的应用。而铝正是薄壳结构最理想的一种材料。

铝的"外衣"

铝比钢好，除了轻盈、漂亮，还有一个重要的特点：不易锈蚀。

"是啊！铝不会生锈，用起来真方便。"常常听到有人这么说。

其实，这话不对：铝是最容易生锈不过了！如果切开一块铝，可以看到新的断面有银色的光泽。让它暴露在空气里，很快便会失去光泽而变暗，这是因为表面已经生成极薄的一层铝锈——氧化铝了。

既然铝是那么容易氧化、生锈，为什么一点也不会像钢铁一样烂掉呢？

秘密在这里：因为铝很容易与空气中的水汽化合变成铝锈——氧化铝，而氧化铝又紧紧地贴在铝的表面，可以防止里头的铝继续与水汽化合。

你从口袋里掏出个硬币来看看，它是用铝做的。你瞧，硬币的表面总是有点发白，这就是氧化铝薄膜。

这层薄膜名副其实地薄，只有万分之二到万分之四毫米厚。换句话说，几十万张这样的薄膜叠起来，也只有这本书厚。

铝的这层"外衣"虽然薄，妙处可多哩！

这件薄薄的"外衣"，是有弹性的，能张能弛，活像紧身的汗衫。你把铝条拉长，它也变长；你把铝条弄弯，它也"随机应变"，凸的地方拉长，凹的地方收缩。

这件薄薄的"外衣"，不怕水浸，也不怕火烧。水不能溶解氧化铝，所以你的脸盆用了几年也不会坏。铝加热到660℃就会熔化，而氧化铝直到2050℃才熔化。

可是，这件"衣服"也有穿破的时候。因为它怕碱和酸。

碱能溶解氧化铝，就像水能溶解白糖一样。

常常有人嫌铝锅不光亮，老是用草木灰或沙子去擦洗，其实，这是一种很不科学的做法。

草木灰里含有碳酸钾，是碱性的物质，能够溶解铝的氧化膜，沙子能擦破氧化膜。用草木灰或沙子去擦洗，能够很快使铝锅亮起来，不过，同时也就破坏了保护铝锅不受腐蚀的氧化膜。

里面的铝因为没有氧化膜的保护，又继续氧化，重新披上一层氧化膜。如果你天天擦铝锅，照旧天天重新长上氧化膜。就在这场拉锯战中，铝锅越来越薄。最后，锅底开了"天窗"——漏了。你瞧，又费力气，又把锅弄坏了。所以，当铝制品脏了的时候，最好不要用碱、肥皂去洗它，也不要用草木灰、沙子去擦它。

酸也能溶解氧化铝，例如盐酸、稀硫酸等。然而，浓硝酸是个例外：在硝酸厂里，人们甚至用铝罐来装浓硝酸哩！

硝酸，是著名的三大强酸——盐酸、硫酸、硝酸中的一个，怎么不能溶解氧化铝呢？

这是因为浓硝酸具有很强的氧化能力，它只能把氧化膜弄得更厚一些、更结实一些，而不会溶解氧化膜、破坏氧化膜。对于铝来说，浓硝酸是个氧化膜的建设者，而不是个破坏者。

不光是浓硝酸会把氧化膜加厚，许多氧化剂——橘红色的重铬酸钾、紫红色的高锰酸钾，也都能把氧化膜加厚。人们就利用这些东西来加厚氧化膜，使铝制器皿更耐用些。

可不是吗？百货公司里有些新的铝制器皿，它们的表面都是灰白色的，那就是因为经过加厚处理的缘故——这些铝制器皿表面，氧化膜不再是一件薄薄的"汗衫"，而是厚厚的"棉衣"啦。

有趣的是，现在，人们还给铝制品染色，把它们打扮得漂漂亮亮。严格地讲，铝是无法染色的。人们给铝染色，实际上是给铝制品表面那层加厚了的氧化铝染色。比如，用草酸或者茜黄染料处理铝制品，可以使它变成金黄色；让铝制品在铁氰化钾溶液里浸过，再浸在氯化铁溶液中，它们便穿上了漂亮的天蓝色衣服；用红色染料处理铝制品，可使它们染上红色……

如今，百货公司里那些彩色的铝制饭盒、脸盆、口杯，就是用这些办法染上颜色的。

焰　　火

节日放的焰火是什么做的呢？

你可曾想到，铝也是其中的重要成分哩！节日的焰火，就是用火药、铝粉或镁粉与无机盐混合制成的。

当这些混合物被送上夜空的时候，火药燃烧了，引起了铝粉或镁粉的剧烈燃烧，显出白色的光芒。

铝的光芒是白色的，为什么焰火是五颜六色的呢？

秘密全在那些无机盐身上。例如，你拿些铜锈放到火焰上烧，火焰就变绿了；如果换成食盐，火焰又变黄了。

焰火中掺有各式各样的无机盐，燃放时硝酸锶放出红光，硫酸钡射出绿光，硝酸钴发出蓝光，氯化钾闪耀着紫色光芒。

氧化铝

放焰火的时候，天空会下起"雪"来——从空中掉下一片片白色的轻飘飘的灰。这些灰，与铝的"衣服"一样，都是氧化铝，是铝粉燃烧以后变成的。

刚　　玉

在童话里，你常常会看到有关蓝宝石、红宝石的故事，其实，按照化学成分来说，它们都是氧化铝！它们的另外一个名字，叫作刚玉。

刚玉非常坚硬，除了金刚石和金刚砂，它可以说是世界上最硬的石头了。

手表里就有刚玉。人们评价一只手表的好坏，常说几钻几钻，那钻数就是指手表里的刚玉的颗数。因为手表是个"勤快"的家伙，它的齿轮从早到晚不停地转动。如果齿轮的轴承磨损了一点点，就会影响手表的准确度。因此，手表里的轴承，往往是用最耐磨的刚玉做成的。

其他的精密仪器，如天平、电流计、伏特计等，也要用到刚玉。

刚玉之所以有颜色，是因为不纯的缘故：红宝石，含有微量的铬；蓝宝石，含铁或钛；绿宝石，含有铍。

在大自然里，你想找到几颗宝石，那简直像大海捞针，可不容易啦。

既然这些"高贵"的宝石与普通的泥巴是一家人，那么，人们能不能用泥巴来制造宝石呢？

能！手表里，就住着人造的红宝石——人造刚玉，它们来自宝石工厂。人们从泥巴——铝土矿里提取纯净的白色氧化铝粉末，放在炽热的电炉里加热熔化，就得到了极硬的氧化铝晶体——人造红宝石。

现在，人们不仅制成了比芝麻还小的人造红宝石——手表钻石，还制成了手指那么粗、手臂那么长的人造红宝石棒。这长长的人造红宝石棒，是干什么用的呢？

用处可大呢！这种红宝石棒在脉冲氙灯的照射下，会激发出一种非常厉害的光——激光。

人们在1960年才试制成功第一台红宝石激光器。如今，在短短的十几年中，人们制成了成千上万的红宝石激光器，广泛地应用在工业农业生产、医学、国防、天文、气象方面。

激光器中所用的红宝石，是含铬约万分之五的三氧化二铝结晶体。激光的诞生，使铝增添了不少光彩。

尖端技术的好材料

就在最近几十年内，铝又有了不少新的用途。

本来，在金属的一家中，铝是够轻的了。可是，人们还嫌它重，所以在1958年制出了更轻的铝——泡沫铝。

泡沫铝活像一块面包，里头尽是蜂窝般的小洞洞。硬邦邦的铝块里，怎么会出现这些小洞洞呢？

原来，人们在熔融的铝里加了许多起泡剂——氢化锂与氢化钡，然后，用强烈的水流使铝冷却。这时候，铝的"肚子"里就冒出千百个小洞洞——氢气泡。

泡沫铝挺轻，放在水里，它会像木头一样浮起来。1立方米的泡沫铝，只有178千克重，而1立方米的水，有1000千克重。

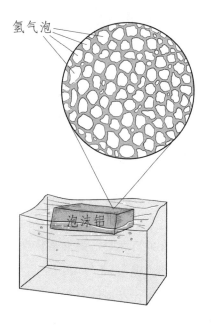

氢气泡

泡沫铝

所以，泡沫铝用作飞机材料，是最合适不过了。另外，泡沫铝能保温，不易锈蚀，人们便用它来做墙壁与天花板。

铝又被制成非常细的粉末。这些粉末不是用磨或者研钵弄细的，而是把铝烧化，用压缩空气把它喷成铝雾制成的。这种极细的铝粉可以用作火箭里的高能燃料。

铝的生产，作为一项工业来说，只有100多年的历史。在金属的一家中，铝是一个比较年轻的成员。但是，铝比谁都发展得快，比谁都更有希望。

1885年，全世界铝的年产量只有13吨。可是，1958年，全世界铝的年产量就达到了400多万吨，增长了30多万倍。1973年，达到了1200多万吨。2020年，更是高达6500多万吨。

4 普通的金属——锡、铅、锌、汞、铬、锰和镁

锡 石

在大自然中，锡常常住在花岗岩的上层。锡很重，怎么会跑到花岗岩的上层去呢?

原来，在地球最初形成的时候，锡跟氯、氟相化合，成为气态的化合物。气态物质的密度比液态的要小，便跑到了岩浆的上层。后来，地球表面的温度渐渐降低，形成地壳。这时候，花岗岩上层的锡就同氯、氟"分手"了，而与水蒸气相互作用，变成一种固体矿物——锡石。

锡石的化学成分主要是二氧化锡。纯净的二氧化锡是白色的物质。但是，锡石大多数都是黑色或者黄褐色的，这是它们含有铁、锰等杂质的缘故。

锡石是最主要的锡矿。人们在很早以前，就与锡石打交道了。古希腊著名的盲诗人荷马，在他的史诗中便提到锡石。

我国锡矿非常丰富，储藏量占世界第一位。

在远古时代，在铁还没有被发现以前的许多世纪，人们便知道怎样炼

锡了，因为炼锡很简单：只要把锡石和木炭放在一起加热，没一会儿，便流出了银白色的锡液。在埃及的古墓里，便常常发现有锡做的各种器皿。我国古代，锡器的使用也很普遍。

"制造罐头的金属"

锡被人们称为"制造罐头的金属"。这不是没有道理的：现在全世界每年生产的锡，将近一半用来制造马口铁片，而马口铁最大的用途是制造罐头。

罐头的出现，还不到 200 年。

在 18 世纪末和 19 世纪初，法国的拿破仑经常调兵遣将，侵略其他国家。他的军队到处遭到别国人民的反抗，使军队的食物供应大成问题。

于是，拿破仑悬赏征求一种能够保藏鱼、肉和蔬菜的方法，以便供军队远途携带。

后来，法国的一个名叫尼古拉·阿佩尔的青年建议：把食物加热后封存在密闭的玻璃瓶里，可以久存不坏。这就是罐头的发明。

不过，玻璃太容易碎裂了，不便于携带。不久，就出现了用铁皮做的罐头。铁皮又容易生锈，于是就出现了马口铁做的罐头。

马口铁就是外面穿了一件"锡衣"的薄铁皮。

锡与铁的感情很好。虽然马口铁表面的锡层极薄——厚度只有 1/100 毫米左右，比这页书还薄得多，它却能紧紧地贴在铁皮上。这层锡成了铁皮的"外衣"，把铁与氧气、水分隔绝开来，保护着里面的铁，使它不会生锈。因此，马口铁的寿命比普通铁皮长得多。

制造马口铁并不困难：只要把铁片上的铁锈刮净，放在稀盐酸里洗个澡，然后浸到熔融的锡液里，再往外一拔，铁皮便穿上了"锡衣"——变成马口铁了。

新中国成立前，我国连马口铁都得依赖进口。马口铁最初是从西藏阿里部马口这个地方输入的，因此得了这个名字。新中国成立后，我国很快就能自己生产马口铁了。

锡并不太贵，制造马口铁又用不了多少锡，1吨锡可以覆盖8万多平方米的铁皮。所以，马口铁很便宜。

纯净的锡不会溶解在罐头里的汁液中，对人的健康没有什么损害。

不过，使用马口铁的时候，你可得小心，别把外面的锡碰破。如果碰破了，再一受潮，没多久，整张马口铁便会全部烂掉。

"灰溜溜"的铅

人们和铅打交道有几千年的历史了。我国在商代便知道炼铅。古代罗马人常用铅来制造水管，因为铅的表面总是很干净，不像铁那样常常锈迹斑斑。

我们平常见到的铅，总是"灰溜溜"的。其实，这不是铅的本色，铅的本色是银白色。

原来，铅也很容易生锈——与氧气化合生成氧化铅。银白色的铅一旦蒙上一层棕黑色的氧化铅，自然就暗淡下来，失去了光泽。铅与氧气化合十分迅速，极细的铅粉在空气中甚至可以燃烧！

铅极软，用小刀便可以像切年糕似的把它切开。铅与锡一样，一扔进煤炉，便立刻熔成一团银白色的液体。因为纯铅的熔点只有 327.4℃。

人们常常用铅来制造水槽、屋顶；在化工厂里，人们用铅制造反应罐和管道。著名的制造硫酸的方法——铅室法，便是在铅制的反应器中进行反应。

人们这样喜欢用铅，不是没有道理的，因为：第一，铅的熔点低，很容易焊接；第二，铅的化学性质稳定，不容易被腐蚀。

铅制的器皿虽然十分耐用，但是用铅来制造酒壶、茶壶等饮具，是不卫生的，因为铅的化合物是有毒的，吃多了会发生铅中毒。

人们在发掘古罗马的一些坟墓的时候，常在尸骨上发现黑斑。化学分析表明，这黑斑是一种铅的化合物——硫化铅。尸骨中怎么会有铅的化合物呢？原来，古罗马的自来水管是用铅做的。天天喝来自铅管的水，就有少量铅进入人体。这些铅积累在骨头中。人死后，尸体腐烂，产生极臭的气体——硫化氢。硫化氢与尸骨中的铅作用，就形成了黑色的硫化铅。

铅中毒是积累性的，人体吸收铅以后，并不排出，这样铅便越来越多。铅中毒最初的征兆是牙床的边缘变成灰色，腹痛，然后便发展到神经错乱。

铅　字

这本书是用什么印的？

"是用铅字印的。"谁都知道这么回答。

然而，铅字这个名字不够公平，实际上它是铅、锑、锡的合金，只不过其中铅的含量稍微多一点罢了。

为什么要在铅中加入锑和锡呢？

因为铅太软了，光用铅来做铅字，一加压力就会变得笔画不清，印出来的书成了一笔糊涂账，谁也看不懂。加入锑以后，可以使铅字变得坚硬、耐用。

加入锑还有一个更为重要的作用：能使字迹清晰。因为铅字是把铅、锑、锡的合金熔化成液体，倒到模子里铸出来的。一般合金遇冷就会收缩，一缩，字迹就不清楚了。加入锑以后，由于锑有个古怪的脾气——遇冷膨胀，这样一来，便使字变得清清楚楚、端端正正的了。

为什么加入锡呢？那是因为锡的熔点比铅还低，加入锡，铸造的时候合金容易熔化。

在常见的铅字合金中，含有5％—30％的锡、10％—20％的锑，其余全是铅。

我们在日常用电的时候，时常用到保险丝，它也是一种铅的合金，含有铋、镉、铅和锡。保险丝的熔点更低，温度达到70℃便熔化了。一旦电路中有过大的电流通过，产生的热量足以使它熔化，使电路中断，这就起了"保险"的作用。

工人们常常用焊铁焊接东西。有人把焊铁叫作焊锡。其实，焊锡这名字也不够公平，因为在焊锡中，有一半是锡，另一半是铅。

现在，全世界铅的产量近500万吨。其中，有很大一部分是用来制造铅蓄电池。

你搬过铅蓄电池吗？小小的一个铅蓄电池，却非常沉重。因为铅很沉，铅的重量相当于同体积的水的重量的11倍多。

铅蓄电池简直是"铅天下"：负极是灰黑色的金属铅，正极虽然不全是金属铅，上头那棕红色的粉末却是铅的化合物——氧化铅。

谁最早使用锌

世界上哪一个国家最早使用锌？是中国。

据考证，在宋朝的时候，我国就有了用铜和炉甘石（锌的一种矿石，主要成分是碳酸锌）炼制黄铜——铜锌合金的记载。明朝的时候出版的《天工开物》这本书里更明确记载了黄铜的制法："每红铜六斤，入倭铅四斤，先后入罐熔化，冷定取出，即成黄铜。"这里所说的"红铜"即铜，"倭铅"即锌，它们熔在一起后，便成了黄铜。在《天工开物》中，还非常详细地记载了用"炉甘石"（碳酸锌）升炼"倭铅"（金属锌）的方法，并附有插图。这是我国古代炼锌最清楚不过的记载。

锌的熔点只有419.53℃，沸点907℃，都不算高，而且锌矿又比较容易被还原。从表面看来，似乎炼锌应当比炼铁、炼铜都要容易。其实不然，由于锌的沸点低，如果用炼铁那样的方法冶炼，锌会变成气态挥发掉，并且气态锌还容易被空气氧化，所以金属锌很难得到。只有把含锌的矿石和焦炭放在一起，密闭加热到1000℃以上，使锌像开水一样沸腾起来，变成锌蒸气；再把这种蒸气引到冷凝器中，才能得到非常漂亮的金属锌。在过去，人们都以为这种方法是英国人首先发明的，因为英国在1739年公布了金属锌的蒸馏法的专利文献。其实呢，这个方法是英国人在1730年左右从中国学去的。中国生产金属锌早于欧洲近400年。

锌在地壳中的含量约为十万分之七。最常见的锌矿，要算是闪耀着银灰色金属光泽的闪锌矿了，它的化学成分是硫化锌。此外，较重要的锌矿还有菱锌矿，化学成分是碳酸锌。在大自然中，锌矿常常是和铅矿"睡"在一起的。

白 铁 皮

如果你用小刀在锌的表面划一下，可以看见里面的锌闪烁着银白色的光泽。然而，在空气中放久了，锌穿上了一件灰蓝色的外衣。

这是为什么？

道理与铝一样：锌的化学性质非常活泼，在空气中会生成一层极薄的碱式碳酸锌——锌锈。

平常，这层薄膜能够像铝表面的氧化膜一样，保护里面的锌不再生锈。高温下，锌会与氧气发生强烈反应，变成一根根纤维状的氧化锌。

正因为锌不易锈蚀，人们就用它来保护铁，制造白铁皮。每年，世界上所生产的锌，有40％被用来覆盖在铁皮上，制成白铁皮。

你仔细瞧瞧白铁皮，它上边闪亮的花纹和冬天玻璃窗上美丽的冰花——冰的晶体一样漂亮，那就是锌的晶体。

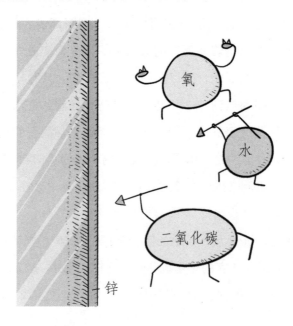

白铁皮比马口铁要耐用得多。马口铁碰破了一块，很快便会烂掉。白铁皮呢？即使碰破一大块，也不会很快被锈蚀。这是因为锌的化学性质远比铁活泼的缘故。当氧气、水、二氧化碳等向白铁皮"进攻"的时候，锌首先"牺牲"自己，保护了铁的安全。

锌，也大量被用来制造黄铜。

你看过制造黄铜吗？工人们在火热的坩埚里，把紫铜块先烧熔成白炽的铜水，然后，把银白色的锌块扔进去。因为锌的熔点比铜低，所以立即熔化，冒出大量锌蒸气。在黄铜车间，你常常会看见蓝色的火焰与白色的烟，那是锌的蒸气在燃烧，变成白色的粉末——氧化锌。你到过医院吗？那白色的门窗、白色的家具，都是用含有氧化锌的油漆漆成的。甚至你玩的白皮球、穿的白色球鞋里，也有氧化锌哩。因为白色的橡胶就是用氧化锌来做色料的。氧化锌是条"变色龙"。在室温下，它是白色的。受热后，则变成黄色。再冷却，它又重新变成白色。现在，人们利用氧化锌的这个特点，制成了变色温度计——用它颜色的变化来测量温度的高低。

锌，还是植物正常生长不可缺少的元素。在农业上，硫酸锌是一种微量元素肥料。据测定，车前草里含有万分之二的锌，堇菜里有万分之五的锌，而在某些谷类的灰里，竟有12%的锌。

人体中也含有十万分之一以上的锌，含锌最多的是牙齿和神经系统。人们还发现，鱼类在产卵以前，几乎把身体中的锌全部都转移到鱼卵中去。

锌是很有用的金属。你不要随便把废电池扔掉，应该把它们收集起来，送到废品收购站去，因为电池的外壳就是锌做的。

液态的金属——汞

汞很特别，在所有的金属中，只有它在常温下是液态的。汞具有银白色的金属光泽，明朝李时珍著的《本草纲目》中便说："其状如水，似银，故名水银。"汞的希腊文的原意为"液态的银"。

人类很早就认识汞。我国在 3000 多年前，便已经利用汞的化合物来治疗癫疾。在欧洲，炼金家们对汞格外重视——几乎没有一个炼金家的实验室里没有汞。

你对汞也一定不会生疏吧：你发烧的时候，大夫给你量体温的体温计里，便装着银闪闪的汞。你家里的墙壁上挂的水银温度计，里面也是汞。

大自然中的汞，游离状态的并不多，绝大多数都是和别的元素化合成化合物而存在的，其中最多的是硫化汞，就是红色的辰砂。

关于汞矿的发现，有这么一个故事：

一位地质学家到野外去寻找石棉矿和金矿，在一个小村子里，遇到了一位画家。他在画家的家里看到一幅十分奇怪的图画。那是一幅风景画，画的是一个小湖，湖边有一个陡峭的积雪山峰，山脚下发散着微光，山上的碎石是血红色的。太阳在空中照着，银白色的湖面上升起一股微蓝色的轻烟。

地质学家在画前沉思了半天，回头问画家："这是你的想象画呢，还是写生画？"

"这是写生画！"画家拉长了声调回答说，"为了这幅画，我几乎送了自己的命！"

接着，画家讲述了自己画这幅画的经过：一次，他听说在深山里有一个风景奇丽的湖，尤其是夏天，这个湖更是美丽非凡，宛如仙境。但是，这个湖又是一个神秘的地方，凡是到了那儿的人，没有一个能够活着回来。由于好奇心的驱使，这位画家毅然决定带上画具，闯进深山，看个究竟。一走到那儿，果然风景独特，一路上尽是红色的岩石，寸草不生，鸟兽绝迹。湖面像一面巨大的镜子，反射着阳光。可是，他刚刚安好画架，便开始感到恶心，不住地流口水。他很快感到头晕，呼吸困难，四肢无力。画家觉得有点不妙，匆匆地勾了画稿，便立即动身回去。画家回家后，整整病了 4 年。一直到现在，身体还是虚弱得很。

地质学家非常仔细地听了画家讲的故事。在临别的时候，画家对他说："我死后，将托人把这幅画寄给你，作为纪念。"

过了 5 年之后，地质学家收到了一个包裹。打开一看，就是那张奇妙的图画。地质学家一边怀念着那位死去的画家，一边再次端详这幅画。他的脑海里不停地思索：这红色的石头是什么呢？这湖面为什么那样明亮？

不久，他在一次用显微镜观察硫化汞矿石的时候，看到镜头里那红色的矿石，在灯光下，微微地射出浅蓝色的光芒。这下子，他立即联想到画家寄来的那幅画。画里画的红矿石，会不会就是硫化汞呢？那银白色的湖，会不会就是硫化汞在阳光下分解生成的金属汞呢？这蓝色的微光，会不会是汞蒸气的光芒？……

想到这里，地质学家兴奋极了，他向化学家和医学家请教有关的知识：化学家告诉他，汞的蒸气是无色的，但是在阳光中的紫外线的照射下，的确会被激发，射出柔和的蓝色的微光。

医学家告诉他，汞是剧毒的东西，人吸进少量的汞蒸气，就会恶心、呕吐、呼吸困难，甚至心脏停搏而死亡。

这些现象完全和那位老画家所讲的一样！

地质学家立即带了助手、防毒工具，一起出发到山里去勘探。果然不错，那儿是一个巨大的硫化汞矿！光是湖里的那些由硫化汞分解而生成的金属汞就有几千吨。

汞在 357℃沸腾,在-39.3℃凝固,在这一段温度之间,汞都是液态。因此,汞很适于用来制造温度计。汞和铊制成的合金(含有 8.5%的铊),在-60℃才凝固,常被用来制造低温温度计。

汞被称为金属的溶剂,因为它能溶解许多金属,形成合金——汞齐。不光是锌、铅等很容易被汞溶解,就是金、银也能被它溶解。正因为这样,人们便用汞从金矿和银矿中提取金和银。

日光灯里也有汞。日光灯那长长的玻璃管里,充满着汞蒸气,汞蒸气在电场的激发下,会射出紫外线来。紫外线照射到玻璃壁上那白色的涂料——荧光物质(硫化锌)上,就能发出白色的荧光。

汞蒸气是有毒的。因此,如果不小心把日光灯打碎了,应立即离开,并打开窗户通风;待汞蒸气散了,才可以进来收拾玻璃碎片。

如果不小心打碎了温度计,把水银撒得满地,这时候,你应该去拿点硫黄粉来撒在地上,因为硫黄能够和汞化合生成硫化汞,而使汞不至于蒸发到空气中,损害人的健康。

因为汞有剧毒，所以在生产汞的过程中，要特别注意防止汞的污染。

1953年，在日本的熊本县水俣镇发现了一个精神失常的病人。这个人在精神上没有受到什么过度的刺激，却突然发病了。不久，在这个镇上又一连有几十个人发生精神失常。这是怎么回事呢？

一直到1959年，人们才查出了原因。原来，水俣镇上有一个化工厂，大量排出含汞的废水，这些废水污染了环境。于是，在人们喝的水中有汞，在人们吃的鱼中也有汞。没多久，很多人就得了汞中毒症，造成中枢神经失常。这种病因为发生在水俣镇，就被叫作水俣病。

其实，汞的污染完全是可以防止的。在党的领导下，我国非常重视环境的保护工作。不少生产汞的工厂都已从大城市市区迁到郊区，并从各个环节防止污染，定期进行检查。在用汞的工厂，经常用碘蒸气消毒——碘能与汞化合，变成不易挥发的碘化汞。

汞的化合物雷汞（学名雷酸汞），是鼎鼎有名的一种起爆药。它是国防工业的重要原料，每一发子弹或炮弹的雷管里都装着它。当射击的时候，撞针撞击雷管中的雷汞，雷汞爆炸，引起子弹或炮弹中的炸药爆炸，产生大量的气体，把弹头推出去，射向目标。不过，随着时代的发展，雷汞已逐渐被较安全的起爆药所代替。

"克罗米"——铬

表壳、眼镜的金属架子、照相机架子、表带，以及汽车的车灯、自行车的车头……都是银闪闪的。为什么呢？这是因为镀上了一层"克罗米"。

"克罗米"就是铬。因为铬的英文是 chromium，音译便是"克罗米"。

英文 chromium，是从希腊字"颜色"演变过来的。铬为什么叫作"颜色"呢？这是因为铬的化合物色彩缤纷，五光十色：金属铬是雪白银亮的，硫酸铬是绿色的，铬酸镁是黄色的，重铬酸钾是橘红色的，铬酸是猩红色的，氧化铬是绿色的（常见的绿色颜料铬绿就是它），铬矾是蓝紫色的，铬酸铅是黄色的（常见的黄色颜料就是它）……

在200多年前，人们还不知道铬这个元素。1762年，德国科学家雷曼曾在西伯利亚发现一种新的黄色矿物——铬酸铅，却不知道它里头究竟含有些什么元素。一直到1797年，铬才被法国化学家沃克兰所发现。

在所有的金属中，铬是最硬的一个。人们常常把铬掺进钢里，制成又硬又耐腐蚀的合金。世界上大部分的铬，都是被用来制造各种合金。铬钢，是制造机械、枪炮筒、坦克和装甲车的好材料。在大自然中，铬常和铁一起存在于铬铁矿里。因此，当人们冶炼铬钢的时候，根本不必先把铬矿炼成铬，再掺到钢里去，而是直接用铬铁矿来冶炼，炼出来的钢便是铬钢。

金属铬主要是用于电镀。铬，锃光瓦亮，化学性质又稳定，不锈不烂，漂亮而清洁，人们喜欢它。把铬镀在铁上，铁也就沾了铬的光，变得漂亮而不易锈蚀。镀铬的时候，铬层愈薄，愈是紧贴在金属的表面。一些炮筒、枪管的内壁所镀的铬层仅有千分之五毫米厚，但是，发射了千百发炮弹、子弹以后，铬层依然还存在。

铬的最重要的化合物是铬酸铅和重铬酸钾。铬酸铅是著名的黄色颜料。而重铬酸钾呢，它是一种化学上常用的氧化剂。几乎每个化学实验室都必备的洗涤仪器的洗涤剂，便是用重铬酸钾溶解在浓硫酸里制成的。在制革工业上，重铬酸钾常常被用来代替鞣酸鞣制皮革。

铬还是人体不可缺少的一种微量元素。铬能够帮助胰岛素起作用，从肠子里被消化了的食物中吸收糖分。每个成年人每天需要5—10微克（1微克等于百万分之一克）铬。

一种重要的合金元素——锰

锰，是瑞典著名化学家甘恩在 1774 年发现的。

锰，看上去和铁差不多，是一种银灰色的金属。放在潮湿的空气里，锰也会和铁一样生锈。

在工业上，锰大量地被用来制造锰钢。锰钢硬而耐磨，这在前面已经讲过，这里就不再重复了。

锰的最重要的化合物是高锰酸钾和二氧化锰。它们俩都是你的老朋友哩：在公共场所的饮水处，人们常常在喝水前把茶杯放在一种紫色的药水里洗一下，这紫色的药水便是用高锰酸钾溶解在水里制成的；干电池里装的那种黑色的粉末，便是二氧化锰。

高锰酸钾非常漂亮，是一根根针一般的紫黑色发亮的晶体。高锰酸钾很容易溶解在水里。水中只消有一点点高锰酸钾，就会变得满是紫红色。平常公共饮水处所用的高锰酸钾水溶液，看上去颜色很深，其实只含有千分之一左右的高锰酸钾。

高锰酸钾是很强的氧化剂，它在化学上是和重铬酸钾齐名的。高锰酸钾的水溶液能够杀死病菌，把茶杯放到这种水溶液里洗一下，就可以防止病菌的传染。

当高锰酸钾水溶液用过几次以后，你常常可以看到盆底出现许多黑色的沉淀，那是二氧化锰；因为高锰酸钾被其他物质还原后，会变成二氧化锰沉淀。当这种黑色沉淀很多的时候，说明水溶液中大部分高锰酸钾都变成了二氧化锰，这种水溶液便不能再用了。

二氧化锰也是相当强的氧化剂。它常常被用来制造干电池、火柴。在油漆里，人们也常加一点二氧化锰，这样可以使一些干性油，如亚麻籽油、桐油，在空气中快一点干结。

二氧化锰在玻璃工业上有着奇妙的用途。平常用到的墨水瓶、酒瓶、酱油瓶，大都是淡绿色的。在几百年以前，人们甚至认为玻璃就是绿色的，正如煤永远是黑色的一样，是没法改变的。后来，人们才知道，原来玻璃也能制成无色的。玻璃之所以是绿色，是因为制造玻璃的原料——沙子和石灰石中，总是含有少量的铁，而二价的铁的化合物会使玻璃变成绿色的。怎样才能使玻璃不变成绿色的呢？往绿色的玻璃里加入适量的二氧化锰就行了。原来，二氧化锰能把玻璃中的二价铁变成三价铁，同时把它自己所含有的四价锰还原成三价锰；含有三价铁的玻璃是黄色的，含有三价锰的玻璃是紫色的。在光学上，黄色和紫色是互补色，黄光和紫光相混可以变成白光。因此，在加入二氧化锰后，玻璃的绿色便消失了，变成了无色。

不过，这样处理后的玻璃，经过若干年后，锰会慢慢被氧气氧化，紫色会逐渐加强。所以，那些古老的房屋的玻璃窗看上去便略微带点紫色。

锰在生物化学上是一个重要的元素。在一般的生物体内，含锰量都不超过十万分之一。人体中大约含有百万分之四的锰。这些锰主要分布在心脏、肝脏和肾脏里。锰对生物体的影响是多种多样的，其中主要是影响生长、血液的形成等。

大自然中，最重要的锰矿是硬锰矿和软锰矿，它们的化学成分都是二氧化锰。锰在海水里的含量并不太高，因为水中的锰很容易变成二氧化锰而沉到海底，因此海洋深处的淤泥里倒含有不少锰，竟达千分之三！

又一种轻金属——镁

镁，是 1808 年英国化学家戴维用电解法发现的。

人们最初只是用镁来制造烟火和闪光粉，却不敢用镁来制造别的东西，怕它一下子燃烧起来，没办法。

后来，人们才弄清楚，镁粉和镁块的脾气是不一样的：镁粉由于很细，表面面积很大，能和空气充分接触，很易氧化燃烧；镁块却并不容易燃烧，除非是加热到它的熔点——651℃以上，才会燃烧。

摸清了镁的"脾气"，人们就大胆地用它来制造各种合金。

镁的许多性能和铝十分相似：都有着漂亮的银白色的光泽，都很轻。不过，镁更轻一些，镁的重量只有同体积铝的重量的 2/3。镁比较硬，机械性能也不错。

这样，镁便成了铝最好的助手。轻盈的镁铝合金，被大量用于飞机制造工业。现在，镁也和铝一样，成了重要的国防金属。

金属镁也被用来制造照明弹、焰火等。不过，随着时代的发展，已逐渐被更便宜的铝所代替。

镁最重要的化合物是氧化镁和硫酸镁。

氧化镁的熔点非常高，因此，它成了非常好的耐火材料。砌高炉用的镁砖，就含有许多氧化镁，它能耐得住 2000℃以上的高温。氧化镁也被用来制造水泥。氧化镁水泥不但是很好的建筑材料，而且还能用来制造纤维板：把木屑、刨花之类浸在氧化镁水泥浆里，加上压力，硬化后便成了坚固耐用的纤维板。

在医院里，大夫常常给病人吃一种像食盐一样的药粉，不过它的味道不像食盐那样咸，而是像黄连那样苦。它就是著名的泻药——硫酸镁。它很容易溶解于水，有些山泉味道很苦，那便是含有硫酸镁的缘故。

镁在生物学上占着极其重要的地位。在植物的叶绿素分子中，镁是中心原子——在镁原子的周围，围着许许多多氢原子、氧原子等，组成叶绿素分子。叶绿素中，镁的含量达 2%。

大自然中，镁的含量不算少：白云石、石棉、滑石中都含有镁。特别是在海水中，镁的含量仅次于钠。据计算，在 1 立方千米的海水中，有 2700 万吨氯化钠（即食盐），有 320 万吨氯化镁。

5 化了装的金属——钾、钠和钙

既普通又不普通

在金属的一家中，钾、钠和钙是既普通又不普通的金属。说它们普通，是因为花岗石里就含有钾，食盐里含有钠，石灰里含有钙，这些东西到处都是，一点也不稀罕；说它们不普通，是因为真正亲眼看到金属钾、金属钠和金属钙的人并不多。

钾、钠和钙都是银白色的金属，闪闪发亮，而且柔软得可以用小刀切开。它们的性质活泼，脾气暴躁，一碰上水，会立即吱吱发响，发生猛烈的化学反应，甚至燃烧、爆炸！

正因为钾、钠和钙的化学性质太活泼了，所以在大自然中，它们总是化了装，变成种种化合物和你见面，从来也没有暴露过自己的"原形"。

人们第一次认识钾和钠的真面目是在 1807 年。那时候，著名的英国化学家戴维拿了一块木灰——碳酸钾，用电池进行电解。结果，碳酸钾被电流"撕碎"——电解了，在它的阴极出现了银白色的小球，发出噼噼啪啪的燃烧声。这燃烧着的小银球，就是金属钾。接着，戴维把碳酸钾换成碳酸钠，用同样的方法制得了金属钠。

次年——1808 年，戴维和瑞典著名化学家柏齐力乌斯又都用电解的方法制得了金属钙。

在电流的帮助下，化学家们终于使钾、钠和钙"原形毕露"了。

经过比重的测定，化学家们发现，钾和钠竟然都比水轻！"金属比水轻"，这在当时简直是不可思议的事情。所以，当时有不少科学家怀疑和反对戴维的见解，认为钾和钠不是金属。

直到后来，人们经过种种实验，并且制得了很纯的金属钾和金属钠，才最后使"钾和钠是金属"这一点，得到世界各国科学家的公认。

19 世纪初，由于电解技术还很落后，钾、钠和钙的价格比黄金还要昂贵。直到 20 世纪，电解技术大大进步，这才使钾、钠和钙的"身价"不断下跌，并且广泛地应用到各个方面去。

农业上的重要"人物"——钾

氮、磷、钾是庄稼营养的三大要素。可是，在很长的时间里，人们并不了解这一点。

第一个发现氮、磷、钾对植物生长有着重要作用的人，是 19 世纪德国化学家李比希。他说："田地里没有这些元素就不可能肥沃。"他认为种庄稼必须施肥，必须不断地把含有氮、磷、钾的盐类施到田里去。不过，他当时找不到一种合适的含钾的化合物用作肥料。一直到人们发明从钾长石（花岗岩中便有它）和海水中提取钾，这才最后解决了钾肥的来源问题，因为钾长石、海水几乎各国都有。

钾在大自然中形成了 100 多种不同的矿物。地壳中钾的平均含量为 2.5%，这的确是一个不小的数字！其中，最主要的钾矿是钾盐矿（氯化钾）、光卤石、钾长石等。

钾的最主要用途是制造钾肥。

庄稼是非常需要钾的。庄稼缺乏钾，茎秆便不会硬挺直立，容易倒伏，对外界的抵抗能力也大大减弱。平均起来，每收获 1 吨小麦或 1 吨马铃薯，就等于从土壤中拿出 5 千克钾；收获 1 吨甜萝卜，相当于取走 2 千克钾。全世界平均每年要从土壤中取走 2500 万吨钾；有入才有出，这也就是说，全世界每年必须至少往土壤中施加含钾 2500 万吨的钾肥！

含钾的化学肥料，主要有硝酸钾、氯化钾、碳酸钾、硫酸钾。在农家肥料中，以草木灰，特别是向日葵灰，含钾最多。这是因为植物本来就从土壤中吸收了钾，那么，把它烧成灰后，灰中当然也就含有钾了。此外，每 1 吨粪便中大约含有 6 千克钾。

我国还开始生产并推广一种新型钾肥——窑灰钾肥。

窑灰钾肥是用水泥窑灰做的。过去，在烧水泥的时候，从烟囱中冒出许多灰，被认为是废物，白白排到空气中，还会污染环境。后来，我国的科学工作者发现，这灰里含有很多钾，是宝贝呀！

水泥窑灰里怎么会有很多钾呢？原来，水泥是用石灰石、黏土等做原料制造的。这些原料中含有少量钾。烧制水泥的时候，窑里的温度很高，其中的钾（氧化钾）就随炉气一起跑了出去，怪不得水泥窑灰中含有不少钾。

如今，人们把水泥窑灰收集起来，作为钾肥，既能防止污染环境，又能化害为利，支援农业。每生产1万吨水泥，大约可以从窑灰中收集到10吨钾素！

动物体内也含有钾，特别是在肝脏、脾脏里，含钾最多。整个说来，成年人的器官中（不包括血液、汗、尿等，光是指器官而言），钾多于钠。有趣的是，在婴儿的器官中，钠却多于钾。有些科学家就用这一点来证明：陆上的动物起源于海中。

除了作为农业上的钾肥，钾的化合物的其他用途就不多了。因为钾的性质和钠很相似，而钠的化合物要比钾的化合物更容易得到，价格也便宜得多。

海水里的金属——钠

海水中，水占96％，各种盐类占4％，而其中食盐（氯化钠）占3％。所以，食盐是海水里的"主角"。海水中钠原子的个数要比钾原子多40倍！

食盐是钠的最重要的化合物，它是工业上原料的原料。人们用电流电解它的水溶液，制得烧碱、液氯和氢气等三种头等重要的工业原料。

2019年，钾盐产量不到3000万吨，而钠盐（主要是食盐）的产量达3亿吨！中国的食盐产量，现在已经跃居世界第一位。

人每天都要吃食盐。据统计，每人每年需要吃进5—10千克食盐。

钠的另外两个重要的化合物是氢氧化钠和碳酸钠。

氢氧化钠的俗名叫烧碱，又名苛性钠；碳酸钠的俗名叫纯碱，不少人常常把它们混为一谈。

氢氧化钠和氢氧化钾一样，腐蚀性很强，会烧伤皮肤，会把衣服烂成一个个洞洞。如果把你的毛线衣（羊毛编织的）放在5%的氢氧化钠溶液里煮5分钟，那毛线衣便不见了——被溶解了！如果把氢氧化钠溶液装在玻璃瓶里，日子久了，甚至玻璃也会被溶解，在瓶壁上留下一个白色的圈圈。正因为这样，氢氧化钠被称为苛性钠。

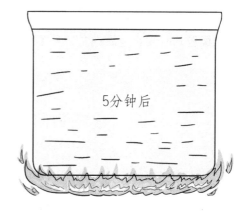

5%的氢氧化钠溶液

5分钟后

氢氧化钠在工业上有广泛的用途。人们用它制造肥皂、人造丝，精炼石油和制造各种化工产品，甚至连炼钢也要消耗大量的氢氧化钠。

碳酸钠也是碱，不过，它的碱性没有氢氧化钠那样强烈。

碳酸钠也是极为重要的工业原料，它的世界年产量比氢氧化钠多得多。碳酸钠大量被用来制造玻璃、肥皂、纺织品、纸张和化工产品。

碳酸钠又叫苏打。我国化学家侯德榜曾对制造碳酸钠的方法做了重大改进，创立了联合制碱法。

氢氧化钠通常是白色的，一块一块的；碳酸钠也是白色的，有粉末状也有块状。要分辨它们并不困难，只消把它们在空气中略搁一会儿，氢氧化钠就会"出汗"——吸水潮解了，而碳酸钠则不会这样。另外，氢氧化钠溶解于水的时候，放热很多，溶液的温度迅速上升，而碳酸钠溶解的时候放热没有那么多。

除上述三种钠的化合物，比较重要的钠的化合物还有硫酸钠（俗称芒硝）、碳酸氢钠（俗称小苏打）和硫代硫酸钠（俗称海波）等。

金属钠在工业上的用途很广。目前，金属钠的世界年产量在15万吨以上。

金属钠能够激烈地和水化合，这样，在工厂里人们常常用它作为有机液体的脱水剂。

此外，金属钠还常常被用作还原剂，用于冶金及化学工业。在制造人造橡胶的时候，金属钠是一种不可缺少的催化剂。

建筑物的"主角"——钙

瞧瞧你住的房子：那砌墙的石灰、刷墙的白垩和水泥地……它们里头都有钙。

生石灰的化学成分是氧化钙。在石灰厂里，工人们是把石灰石和焦炭混合在一起倒进炉子，烧成生石灰的。

石灰石的化学成分是碳酸钙。要鉴别它很容易，只要把它扔进盐酸中，立即大冒气泡——放出二氧化碳，一会儿它便不见了——变成了氯化钙溶解在盐酸里。

在大自然中，钙大部分都是以石灰石的形式存在。一般的石灰石都不算漂亮，可是，美丽的大理石也是石灰石的一种哩！

大 理 石

大理石是一种名贵的建筑材料，云南省大理市盛产这种石头，因而得名。不过，大理石倒并不一定就是大理出产的，别的地方也有，只不过以大理的大理石最出名罢了。北京的周口店、江苏宜兴、浙江杭州也盛产大理石。

耸立在北京天安门广场上的毛主席纪念堂和人民大会堂，那一排高大的柱子，它的表层便是用大理石砌成的。那雄伟的人民英雄纪念碑，天安门前洁白如玉的华表和金水桥，也都是大理石建的。

纯净的大理石——碳酸钙，应是白色的，叫作汉白玉。平常所见的大理石常常是五彩缤纷的，如红色的"东北红"，紫色的"紫豆瓣"，灰黑色的"海涛"等，那是由于含有杂质的缘故。一般来说，那红色是因为含有钴的缘故，蓝色是因为含有铜，而黑色、灰色是因为含有铁。在地质学上，大理石是属于石灰岩的一种。按照化学成分来说，石灰岩都是碳酸钙，只不过大理石是结晶质碳酸钙，而普通石灰石是非结晶质碳酸钙。

石灰石在石灰厂里经过煅烧，被分解了，放出二氧化碳，就变成了生石灰——氧化钙。

你一定挺熟悉生石灰的脾气。在建筑工地上，工人们常常往石灰上浇水，水和生石灰立即化合，产生大量的热，冒起团团的蒸汽，变成熟石灰；如果你往里面搁个鸡蛋，只要七八分钟就熟了。

熟石灰也是白色的，化学成分是氢氧化钙。它能部分地溶解在水里，人们把这种水叫作石灰水。

你注意过这样的现象吗？当建筑工人刚刚把石灰水刷到墙上的时候，墙并不很白，以后，它逐渐变白，而且越来越白；有时候，工人们还在房间里烧一堆木屑，说这是给墙壁"催白"。

这是为什么呢？原来，熟石灰和空气中的二氧化碳化合，能重新变成碳酸钙。墙壁上那层雪白的白垩，就是碳酸钙。在房间里烧木屑，木屑燃烧后产生二氧化碳，空气中的二氧化碳增多了，也就加快了墙上熟石灰变成碳酸钙的速度，所以能"催白"。

石灰石，以及用它烧成的生石灰，在工业上有着广泛的用途，像冶金、造纸、玻璃、建筑以及化学工业都离不了它。在农业上，每年也要用掉不少生石灰，因为有许多化学肥料是酸性的，需要用碱性的石灰撒到田里，使土壤保持中性。另外，石灰石也大量地被用来制造水泥。

讨厌的硬水

在日常生活中，你一定遇上过这样的事儿：烧水壶用不了多久，壶里便长满白色的锅垢。这锅垢，又是碳酸钙变的把戏。乍一看，石灰石似乎是很难溶解于水的。可不是吗？天安门前的华表，经历了多少年代，久经风吹雨淋，依然屹立如故。

但是，石灰石并不是不能溶解于水。在大自然中，水里总是含有一些溶解了的二氧化碳。当水流经石灰岩上的时候，水中的二氧化碳和石灰石作用变成碳酸氢钙，碳酸氢钙是比较容易溶解于水的，便被水带走了。这种含有碳酸氢钙（或碳酸氢镁、碳酸氢铁）的天然水叫作暂时硬水。

烧水的时候，温度高了，原先溶解在水中的碳酸氢钙分解变成碳酸钙，沉淀后留在壶里，就形成锅垢。

在工厂里，这锅垢的害处挺大：第一，锅垢的传热本领很差，会使热能浪费；第二，锅垢传热不均匀，甚至会引起爆炸。在从前，便有不少火车因锅炉里有锅垢引起爆炸，发生事故。

现在，工厂里总是用各种办法来软化这种含有碳酸氢钙的硬水。软化硬水常用的方法是往水里加纯碱——碳酸钠，因为碳酸钠能和碳酸氢钙起化学反应，生成碳酸钙沉淀，经过过滤被除掉。另外，人们还采用离子交换树脂来除去钙质，使硬水软化。

硬水不但在工业上有害，甚至还妨碍你洗衣服哩。你遇到过这样的事儿吗？本来，该洗的衣服并不算太脏，但是，擦肥皂一洗，水面上却满是白花花的脏东西。

这又是硬水干的坏事儿：肥皂的化学成分是硬脂酸钠，它能和硬水中的碳酸氢钙生成白花花的沉淀——硬脂酸钙。

很明显，用硬水洗衣服，会浪费肥皂，而自然界的水，除了直接从天上掉下来的雨水不含碳酸氢钙，其余不论是海水、河水、湖水、井水，都和石灰石打过交道，大多是硬水。在家里，最便当的软化硬水的方法，是把水煮一下，去掉水中的碳酸氢钙。

桂林山水

"桂林山水甲天下"，广西桂林的山水是非常美丽的。可是，桂林的奇峰异洞是怎么形成的呢？

在屋檐前的石灰石的台阶上面，常常会发现有一个小洞，那是雨水滴成的：因为雨水里含有二氧化碳，天长日久便把石灰石溶解成一个个小洞了。

桂林的奇峰异洞也是石灰岩被水侵蚀、溶解而成的。那一带的地壳表层绝大部分都是石灰岩，经过不知多少万年的风吹雨打和流水侵蚀，就逐渐形成一个个奇特的山峰和幽美的地下洞府。地下洞中的石笋和钟乳石，也是碳酸钙变的戏法：溶解在水里的碳酸氢钙会分解析出碳酸钙，重新形成岩石，从洞壁上"生长"出来。

石灰岩地区被雨水侵蚀而形成的奇形怪状的地貌，在地质学上被称为喀斯特地貌——因原南斯拉夫喀斯特一带有这样的地貌而命名。过去，我国也一直采用喀斯特这个名字。地质工作者对我国的这种地貌进行了深入的研究，积累了丰富的资料，在召开的第二次全国喀斯特学术会议上，已把喀斯特这一名词改称为岩溶——意思是石灰"岩"被含有二氧化碳的水侵蚀"溶"解而形成的地貌。

石膏和骨头

一听硫酸钙这名字，也许你会感到有点陌生，其实，它就是你熟悉的石膏。

天然的石膏是条状的结晶体，这种石膏中是含有结晶水的。

石膏不但可以塑成各种塑像，而且是建筑材料的黏合剂。2000 多年前，埃及人便已经开始用石膏来做黏合剂建造金字塔了。

在动物的躯体里，还有一个挺重要的钙的化合物——磷酸钙。

也许，你又会对磷酸钙这名字感到陌生，其实，骨头的主要成分就是磷酸钙。如果没有磷酸钙，便等于没有骨头，人就不能站立、行走，牛马就不能拉车，鱼也不会游，鸟也不会飞。

所以医生总是劝母亲，多给婴儿吃些含钙的食物，使他们长得更健康、更结实。

人在一昼夜里，大约要从食物中吸取 0.7 克钙。

一般来说，像蔬菜之类的植物性食物中，含钙较少，而肉类，特别是牛奶、蟹、蚌和豆腐中，含钙较多。

由于菠菜中含有较多的草酸，会和钙形成难溶的草酸钙沉淀，不易被人体吸收，所以最好不要把菠菜和豆腐一起煮。

除了动物的骨骼中有钙外，动物的血液中也必须有一定数量的钙离子。

如果没有钙离子，血液在空气中将不会凝结，那么一出血就不会停止。

有人曾用老鼠做过实验：一直用不含钙的食物喂养一只老鼠，结果，这只老鼠的皮肤受到很小的擦伤，便流血不止而死亡。

钙是银白色的金属，比较硬，而且也比金属钾和金属钠重。目前，金属钙只用来制造一些合金，用途还不太广。

6 金属中的"贵族"——金、银和铂

沙里淘金

这本书里讲的东西，为什么叫金属，不叫银属、铜属、铁属？金属之所以叫作金属，据考证，便是由于人类在大自然中所发现的第一种金属是金子。在这以后，人们又接着发现了银、铜、铁、铅、锡、锌等。因为人们看看银、铜、铁、铅、锡、锌这些东西在外表上和性能上，都有点和金子相像，于是，便把这些东西统统都叫作金属。

人类在八九千年以前，便发现金了。

金和别的金属不同：在大自然里，大部分金矿就是纯金！而别的金属呢，常常是以化合物的形式存在的。

在古代，人们用⊙表示金，因为金子像太阳一样，永远闪耀着金黄色的光辉。

在地壳中，金并不太少，却分布得非常分散。据计算，金在地壳中的含量大约是十亿分之五。你别瞧不起这微小的比例，许多稀有元素的含量比起它来还要少得多呢！

科学家们发现，地球上有金，太阳周围灼热的蒸气里也有金，来自宇宙的"使者"——陨石，同样含有金。据精确实验的测定：海水中含有一万亿分之四的黄金。就是说，每 1 立方千米的海水里含有 4 千克金！

金的比重非常大：1 立方米的水，只有 1 吨重，而 1 立方米的金，重达 19 吨多。

人们正是利用金子的这个特点，进行沙里淘金：用水流冲刷含金的沙子，沙子轻，被冲掉了，金子重，留了下来。

很早很早以前，人们就知道用沙里淘金的办法从小山般的沙堆里，淘取几颗纽扣大的黄金。

现在，人们采用了先进的化学方法进行"沙里淘金"。

1843 年，人们发明了氰化法——用氰化钾溶液来进行"沙里淘金"。氰化钾是头号毒品，半粒米大的氰化钾，足以使人致死。它的水溶液能像水溶解糖块一样地溶解黄金。

除了氰化钾，水银也能溶解黄金。它与黄金生成金属溶液——金汞齐，所以人们也常常使用水银来进行"沙里淘金"。

在铜矿里，也夹杂着不少黄金，从铜矿中所得的金子的价值比铜本身还高：现在人们所用的金子，不少便是从铜矿中提炼出来的。

由于黄金不锈不烂，黄灿灿的，格外漂亮，又非常稀少，于是，便成了金属中的"贵族"。自古以来，人们多把它作为货币。

黄金虽然稀少，可是，采出来的黄金不会像钢铁那样烂掉，所以世界上黄金库存量一年比一年增加。现在，全世界已经开采出来的黄金约 15 万吨，其中差不多有一半是储存在银行的金库里。

真金不怕火

黄金虽然是黄色的，有时候也会变成绿色或者蓝色。黄金极富延性与展性，可以把它锤成十万分之一毫米甚至更薄些的金箔。这样薄的金箔，看上去就是绿色或者蓝色的。

如果你把一张极薄的金箔盖在你现在看着的这页书上，你照样可以念下去，因为极薄的金箔是透明的！

同样的，也可以把金拉成极细的丝，细到用肉眼很难看见，1 克金可以拉成长达 4000 米的金丝。

有趣的是，极细的金粉构成的胶体溶液，却是红色的！著名的红色玻璃——金红玻璃，便是把极细的金颗粒分散到玻璃中制成的。

俗话说："真金不怕火炼。"这有两层意思：第一，金的熔点很高，为1064℃，与铁的熔点差不多，火不易烧熔它；第二，金的化学性质非常稳定，任凭火烧，依然是金光灿灿，并无半点锈斑。

金在空气中完全不会生锈。黄金只有浸到最厉害的酸——王水（3 体积盐酸与 1 体积硝酸的混合物）中，才会被锈蚀、溶解，变成氢氯金酸。氢氯金酸是一种黄色的针状晶体，非常漂亮。

过去，黄金最主要的用途便是用来制造货币与首饰。然而现在，黄金已从首饰店里走出来，走向工厂、实验室，成为工业的原料，其中有不少黄金被用来制造金笔尖。

拧开你的金笔瞧瞧：金笔尖的"脸色"似乎比黄色要红润一些！这是因为制造金笔尖的并不是纯金——纯金太软了，而是金的合金——金铜合金。

在黄金中掺一些铜，可以使黄金变得坚硬一些，而颜色也红一些。含

铜越多，合金就越硬。

金笔尖上，常常写着"14 开"或"14K"的字样。"K"即"开"，就是指在 24 份合金中金的份数。"14 开"或"14K"，便是说在 24 份合金中有 14 份是金。

黄金还与电子计算机攀上了"亲戚"：现在，最先进的电子计算机是集成电路电子计算机。

集成电路就是把许许多多电子元件（如二极管、三极管、电阻）高度集中在一起。在指甲盖大小的集成电路中，集中了几千个电子元件。这样一来，就使电子计算机的体积大为缩小，用不着占很大的地方。在那些小巧的集成电路中，用什么样的导线来连接那些微小的电子元件呢？人们看中了黄金——黄金的导电性能很好，不会生锈，又能拉成很细的细丝，于是，人们就在显微镜下往集成电路上焊接比头发还细得多的金丝。这样一来，古老的金属——黄金，跟现代化的新技术——电子计算机成了"亲戚"。

另外，在医学、精密仪表、航空工业、人造卫星等方面，也要用很多黄金。

月亮般的光辉

古代，人们用 ☽ 表示银，因为银永远闪耀着月亮般的光辉。与金子一样，银子也是金属"贵族"中的一员。人们在 5000 多年前便开始与银打交道了。大自然中，有纯的银块，也有许多银的化合物。据记载，人们曾经找到一块 13 吨多重的银块。

银子一点也不怕氧气，它即使在空气中放上几千年也不会生锈。然而，银子挺怕硫黄。如果你用硫黄粉擦银子，银子表面就会发黑——生成黑色的硫化银。银子在空气中放久了，表面会逐渐发黑，便是由于空气中含有少量的硫化氢，与银作用生成硫化银的缘故。

1902 年 2 月，加勒比海的马提尼克岛上，各种银器在几天之内都变黑了。当时，人们不知道是怎么回事，只是感到非常惊讶。到了这年 5 月 8 日，岛上的培利火山突然爆发，人们毫无准备，结果 28 000 人死亡。事后，人们才明白，火山爆发之前，空气中弥漫着硫化氢气体，它与银器起化学作用，变成黑色的硫化银。这本是火山即将爆发的一种预兆，可惜当时人们不知道这个道理，以致无视大自然的"提醒"，没有及时疏散，受到了损失！

在金属的一家中，要算银的导电本领最好了。银导线几乎是电流通行无阻的道路。不过，银毕竟太贵了，人们并不经常使用银质电线。如今，人们在集成电路中，除了用极细的金丝作导线，也用极细的银丝作导线。因此，银子现在也跟电子计算机攀上了"亲戚"。

内蒙古的牧民们很早就发现，马奶放在普通的瓷器里，过几天就会发臭，可是，盛在银碗里的马奶，好多天不会坏！

这是什么原因呢？

原来，银能杀菌！你会问：银是不溶于水的，怎么能消毒呢？

其实，世界上没有一种绝对不溶于水的东西，只不过溶解的多少有所差别罢了。

银是能够溶解于水的，只不过溶解得极少，我们平常很难发觉。可是，这一丁点儿溶解在水里的银（变成了银离子），已足以杀死水里的微生物了。

人们用银碗盛水，或者在水里放一把银匙，经过几个月，水都不会变质。为了使银能在水里溶解得快一点，人们把两个银片作为电极，接上一个 10 毫安的直流电源，插到水里，这样，每小时能消毒 4000 升以上的水。

有些医院里使用银纱布和银药棉（在纱布和药棉上预先"涂"上一层银或撒上极细的胶态银粉）敷在伤口上来杀菌。

银既漂亮又不易锈蚀，所以人们常常派它去"保护"别的金属。许多日常生活中的金属用具，被镀上一层薄薄的"银衣"，就又漂亮又不易损坏了。现在，每年都有不少银用于电镀工业。

银和镜子

很早很早以前，世界上并没有镜子。那时候，人们要看看自己的脸，就得到河边对着水面照一下。可是风一吹，水面皱了，就啥都看不清楚了。

后来，人们发明了青铜镜。从青铜镜到玻璃镜，镜子又走了一段漫长而有趣的历史。

世界上的第一面玻璃镜子，是在威尼斯（现在意大利境内）诞生的。

300 多年前，威尼斯是世界玻璃工业的中心。最初，威尼斯人用水银制造玻璃镜：先往玻璃上紧紧地贴上一张锡箔，然后倒上水银。因为水银能够很好地溶解锡，变成一种黏稠的银白色液体——锡汞齐。这锡汞齐能够紧紧地粘在玻璃上，成为一面镜子。

威尼斯的镜子轰动了欧洲，成为一种非常时髦的东西。欧洲的王公贵族、阔佬富商都纷纷争先恐后地去抢购镜子。

镜子顿时身价百倍。那时候有个法国的皇后结婚，威尼斯献给她一面玻璃镜作为礼物。虽然这面镜子非常小，也不算精致，在当时却是一件很贵重的贺礼——价值10万法郎！

当时会制造玻璃镜的国家，只有威尼斯一个，而且制造的方法也是保密的。按照他们的法律，不论是谁，如果把制造玻璃镜的秘密泄露给外国人，就处以死刑。政府还下了命令，把所有的镜子工厂都搬到穆拉诺岛上。穆拉诺岛是个孤岛，处于严密的封锁中，不让人接近。所以法国人只得向威尼斯购买玻璃镜。这样，法国的金钱便不断地流到威尼斯人的口袋里了。

法国人当然不甘心，便千方百计地想得知制镜的方法。不久，法国驻威尼斯大使收到一封来自巴黎的密信，叫他尽一切力量，从速收买几个威尼斯制镜师，偷运到法国去。法国大使费尽心机，完成了这个不光荣的使命。

从此，法国便知道了制造玻璃镜的秘密。1666年，法国的诺曼底出现了一个镜子工厂。

以后法国的皇宫里，便出现了法国自制的玻璃镜。

然而，制造水银镜子毕竟太费事了，要花整整一个月工夫，才能做出一面。而且，水银又有毒，镜面也不算太亮。后来，德国科学家李比希发明了镀银的玻璃镜——也就是现在的镜子。

一提起镀银，也许你会以为玻璃镜上的这层银是靠电镀镀上的。实际上根本用不着电，人们是利用一个特殊而有趣的化学反应——银镜反应镀上去的。

银镜反应非常有趣：在洗净的试管里倒进一些硝酸银溶液，再加些氢氧化铵与氢氧化钠，最后，倒进点葡萄糖溶液。这时候，你会看见一种奇怪的现象——原来清澈透明的玻璃试管，忽然变得银光闪闪了。因此，这个反应被叫作银镜反应。

原来，葡萄糖是一种具有还原本领的东西，它能把硝酸银里的银离子还原变成金属银，沉淀在玻璃壁上。

除了用葡萄糖来还原银离子，工厂里还常常用甲醛（它的水溶液俗名叫福尔马林）、氯化亚铁等来还原。

为了使镜子耐用，通常在镀银之后，还在后面刷上一层红色的保护漆。这样，银层变得更加不易剥落了。

热水瓶胆银光闪闪，它与镜子一样，也是用银镜反应镀上了一层银。

现在，人们更制出了一种新式的镜子，从它的一面看去是镜子，从另一面看去却是透明的玻璃。

原来，这是用特殊的方法在玻璃上镀了一层极薄的银制成的。把这种镜子装到汽车上非常合适，你坐在车里可以浏览窗外的风光，而车外的人却看不见你，只能照见他自己。

银和摄影

有一件事很令人遗憾：人们谈起岳飞、曹操、文天祥这些历史人物的时候，只知道他们的名字与史迹，却不知道他们到底长什么样。我国发行的祖冲之、张衡等古代科学家的纪念邮票上，他们的相貌都是画家们凭自己想象而"创作"的！因为古代没有照相机，未能留下他们的真面目。

到了18世纪末，瑞典化学家舍勒首先发现一种白色的银的化合物——

氯化银，具有感光性能。当时，他在硝酸银溶液中加入盐酸，得到了白色的氯化银沉淀。如果把这氯化银放在日光下晒，它很快就变黑了。

　　舍勒的这一发现，引起了英国化学家威吉乌特的注意，1802 年，他把氯化银涂在白纸上，制得了世界上第一张印相纸。他把一个硬币放在这张白纸上，放在太阳下晒。当他把硬币拿走之后，白纸上就"印"上了硬币的长相：黑色的纸，中间是一个与硬币一样大小的白色圈。原来，相纸上的氯化银在阳光下分解，变成黑色，而中间放着硬币的地方，因为阳光被遮住了，依旧是白色的。这是世界上最原始的照片。

涂上氯化银

这样的照片不能长久保存，因为中间那块白色的地方在取走硬币之后，仍受到光线照射，不久也变黑了，整张照片全部变成黑色。再说，那时候还没有照相机，不能拍下各种景物的影像。

直到 1839 年，法国的著名画家达克拉才发明了照相术。

那时候，达克拉丢开画笔，用自己仅有的一点钱买了许多透镜与化学药品，夜以继日地在一间黑咕隆咚的房子里摸索着进行试验，几个月后，达克拉终于发明了照相机。

达克拉在照相机前面安了只"眼睛"——凸透镜，使光线聚拢来。在透镜后面装了一块感光板，这感光板是一块铜板，上面镀了一层银子，然后放在水银蒸气上蒸了一会儿制成的。

达克拉所发明的镀银铜板，是最古老的照相底板。它的感光性很弱。

那时候，去照相简直比理发还要麻烦：人们得一动不动地坐在照相机前待上半个多钟头。

有时候，甚至还得在脸上涂满白粉，增强反射光。

这样的照相机，别说赛跑、跳水的镜头没法拍，就连静坐在那里的人，也拍得模模糊糊的。为了增强人脸的亮度，那时候都是坐在强烈的阳光下拍照，人们受不了那阳光长时间的照射，不得不眯起眼睛来，所以，拍出来的人像总是像在睡觉似的！

直到发明了用溴化银代替镀银铜板，才使照相技术向前迈进了一大步。

溴化银对光线异常敏感。在照相底片上涂有一层溴化银，当照相机的快门一开，在几十分之一秒或几百分之一秒那样短暂的时间里，外边的光线透过镜头，一下子闯入底片，溴化银马上就分解了：光线强的地方分解得多，光线弱的地方就分解得少。

这时候，像还没有显出来，只是隐约可见；为了使它明朗化，人们接着把底片进行显影处理。

显影之后还要对底片进行定影处理，洗去那些没有感光的溴化银。最后，把这张底片再用清水一冲，就行了。

底片上，人是个"黑人"。

这黑色的玩意儿是什么呢？是银！银本来是银白色的，而极细的银粉却是黑的。不光银是这样，许多金属的细粉也都是黑色的。原来，颜色与颗粒大小有着极密切的关系哩。

底片上，光线强的地方，溴化银分解得多，沉淀出来的银粒就多，颜色也比较深；而光线弱的地方，颜色就浅。

把底片印到照片上，那又是倒个个儿——黑的变白，白的变黑。

电影也是与银分不开的：电影胶卷就是在胶片上涂了溴化银等感光剂做成的。

现在，报纸上每天刊载着来自天南地北的照片，"画"出了祖国日新月异的面貌。电影院里放映着各式各样的新闻纪录片、故事片、美术片与科学教育片。这白布上的舞台，成了教育人民的好课堂。

奇妙的铂

看到这个标题，也许你会感到有点陌生。其实呢，一提到它的俗名——白金，你就一点也不生疏了。在化学上，把白金的两个字合并成一个字——铂。

与金、银一样，大自然中有纯的铂存在，不过比起金、银来要少得多，所以人们到 16 世纪才发现它。

铂，是银白色的金属。铂非常重——1 立方米的水只有 1 吨重，而 1 立方米的铂重达 22 吨。

铂，有着非常奇妙的性质。如果你在一个装有氢和氧的混合气体的厚壁玻璃瓶里投进一小块铂，立即会爆发出一声巨响，瓶里闪耀着火花。过后，瓶壁上出现了水珠。

这是怎么回事呢？原来，氢和氧的混合气体，在平常的情况下，即使放上几万年，它们也是互不相干的；然而，一旦与铂接触，由于铂能够加速一些物质的化学反应，氢气和氧气就猛烈地化合，燃烧，以致爆炸，而生成了水，留在瓶壁上了。

铂

氢气和氧气

铂不光能促使氢气和氧气直接化合，也能促使其他许多物质直接化合。铂还能够促使一些物质分解。

铂是很好的催化剂，现在大部分的铂是用在化学工业上。

化学实验室里，常用铂来制造各种反应器皿：铂蒸发皿、铂坩埚等。这是为什么呢？道理很简单：因为铂的熔点很高而又具有高度的化学稳定性，除了王水、氯水、氯化铁和熔融的碱等几种化学试剂，其余的化学试剂几乎都不能动它半根毫毛。

7 新兴的金属——稀有金属

稀有金属都稀有吗

世界上，现在已经发现的化学元素一共有 107 种。其中，除了 16 种非金属和 6 种稀有气体，其余 85 种都是金属元素。在金属的一家中，稀有元素占了 2/3 以上。在现代冶金工业所生产的 70 多种金属中，稀有元素占一半以上。这些金属中的稀有元素，叫作稀有金属。

一见到稀有金属这个名词，你一定会认为：稀有金属在自然界大概都是罕见的吧！你想的有一定道理，不过，也并不全对。

其实，有的稀有金属并不稀有，如钛、钒、锆在地壳中的含量比铜还多。不过在今天，要从矿物中提取纯钛、纯钒、纯锆等，正如 100 多年前提取纯铝一样困难，所以它们还算作稀有金属。随着科学技术的发展，将来一定能够闯过技术难关，用简单、经济的方法大量地进行生产，这些稀有金属也就会变成普通金属了。

稀有金属有几十种，一般被分为五大类：

锂、铍、铯、铷等稀有金属都比较轻，比重小，就叫轻稀有金属；

钛、锆、铪、钒、铌、钽、钼、钨等稀有金属熔点很高，能耐高温，叫作高熔点稀有金属；

镓、锗、铊、铼、铟等稀有金属在地壳中非常分散，没有形成集中的矿物，叫作稀散稀有金属；

镧、铈、镨、钕、钷、钐、铕、钆、铽、镝、钬、铒、铥、镱、镥、钪、钇等17种稀有金属的性能相近，被归为一大类，叫作稀土稀有金属；

铀、钍、镭、锕等稀有金属具有放射性，叫作放射性稀有金属。

三个特点

稀有金属，一般具有这样三个特点：

第一，有些稀有金属，它本身在地壳中的含量就少得可怜。如果把化学元素按照它们在地壳中含量的多少排起来：最多的是氧，其次是硅，再次是铝……第27个是锂。从锂往下一共66个元素，它们加起来还不到地壳总重量的万分之五！而从第1个元素氧到第26个元素铜，却占地壳重量的99.9%以上。可想而知，许多稀有金属在地壳中的含量多么少。

第二，有些稀有金属在地壳中的含量并不太少，可是分布得太散了，没有含量丰富的矿物，如重要的半导体材料——锗，便是这样的一个金属。

第三，有些稀有金属在地壳中的含量不少，也有比较丰富的矿物，但是，它的提炼或者分离比较困难，如铌与钽、锆与铪，都是有名的"孪生兄弟"。过去，人们为了把几毫克铌与钽或者锆与铪分开，常常需要几年的时间，经过上千万次的结晶、溶解，再结晶、再溶解的过程。即使是这样费了九牛二虎之力，也还分离得不干净，因为它们的性质实在太相似了，叫人难分难解！在矿物中，它们总是"住"在一起，有铌就有钽，有锆就有铪。这个沉淀，那个也沉淀，那个溶解，这个也溶解。虽然难于获得它们，但是人们还是千方百计地去获得它们，因为它们是尖端技术中不可少的材料。

它们在发展着

第二次世界大战以前，世界上只有钨、钼、钒这几种稀有金属的生产规模稍大。那时候，绝大部分稀有金属都还沉睡在地下。一方面因为它们难提炼，但是更重要的是因为在那时候，它们还无用武之地——许多"主顾"，像宇宙火箭、半导体、原子能反应堆等，都还没有诞生。

第二次世界大战以后，新兴工业蓬蓬勃勃地发展起来了。

原子能工业需要原子燃料——铀、钍、钚，需要锆作原子能反应堆的结构材料，需要铍作中子源，需要二氧化钍作耐高温材料；半导体工业需要半导体材料——超纯的锗、超纯的硒；洲际导弹、宇宙火箭需要耐高温的钛镍合金，人造卫星需要绝碲光电池……

随着激光技术的飞跃发展，除了用红宝石制造激光器，还用一些稀土金属制造激光器。

生产的需要，推动着科学向前发展；科学的发展，又加速了生产的发展。如今，稀有金属的研究成了一门崭新的科学；稀有金属冶炼工业，成了一门崭新的工业。

氢弹中的金属——锂

锂是一种银白色的金属，它是所有金属中最轻的一个。如果一架普通飞机用锂来做，那么只要两个人便能把它轻而易举地抬起来！

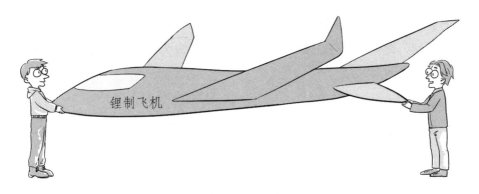

锂的比重只有0.53，不仅放在水里会漂起来，就连放在汽油中也会漂起来哩！平常，人们总是把铝、镁作为轻盈的金属，然而，锂比铝、镁轻多啦——它的重量只有同体积的铝的五分之一、镁的四分之一！1817年，人们便在锂长石矿物中发现了锂。而大量炼制金属锂，却是在整整100年之后——第一次世界大战期间才开始的，那时候德国人用金属锂来制造高强度的铝合金。

金属锂软得像石蜡一样，用小刀便能切开它。锂的化学性质非常活泼，它在空气中就会同氧及二氧化碳化合而变成碳酸锂，遇水能发生剧烈反应而变成氢氧化锂。不仅如此，它还会与那性格孤僻的氮气化合哩！

所以锂不能放在空气中，更不能放在水中，而只能保存在矿物油里。

在冶金工业上，当熔炼一些金属的时候，空气常常跟人们捣蛋——溶解到熔融的金属中。冷却以后，空气却又从金属中跑出来，结果把金属变成馒头一样，里头尽是气泡。

人们便利用锂能与氧气、氮气和二氧化碳化合的特性，把锂加到金属中，消除金属中的气泡。在铜中加入锂，可以使铜的组织更加细密，提高导电本领；在生铁中加入锂，可以提高铁水的流动性，促进石墨碳的颗粒均匀分布。

电视机的荧光屏玻璃是用锂玻璃做的。这是因为在玻璃中加入了锂的化合物，可以提高玻璃的强度和韧性，使荧光屏不易损坏。

然而，锂引起人们极大的注意，还是在锂成为制造氢弹的重要原料以后的事情。

这事儿还得从氢弹说起。

原来，氢弹中的氢，不是普通氢气球中的氢，而是氘和氚。氘和氚是普通氢的同位素。

氘的俗名叫重氢，氚的俗名叫超重氢。它们跟普通氢的区别：普通氢原子的原子核是由一个质子组成的；氘的原子核除了有一个质子外，还含有一个中子；氚的原子核则含有一个质子和两个中子。

氘和氚之所以会成为剧烈的"炸药"——氢弹材料，那是因为它们在几千万度的高温下会发生热核反应，放出巨大的能量，形成猛烈的爆炸。

怎样才能获得几千万度的高温呢？人们在氢弹中装了一颗原子弹。原子弹爆炸的时候，能产生几千万度高温，引起氘和氚猛烈地爆炸。因此，每一颗氢弹中都包含一颗原子弹——用原子弹起爆。

氘和氚平常都是气体，占很大的体积，要装进氢弹很不方便。在试制第一颗氢弹的时候，人们把氘和氚冷却到很低的温度，变成液体，装进一个很大的保温瓶中，放在氢弹里。这颗氢弹虽然爆炸了，但是使用很不方便。因为液态的氘和氚在保温瓶中不能长久保存，要随用随灌。在打仗的时候，哪里还有时间去把氘和氚冷却成液体，灌进保温瓶，再放进氢弹里呢？

后来，人们发现：氘和氚能同锂发生化学反应，生成一种白色的固体粉末——氘化锂和氚化锂。在氢弹里装进氘化锂和氚化锂作为炸药，那就方便多了。装进去以后，随时都可以使用。

在这里，锂并不仅仅是起着把氘、氚从气体转化为固体化合物的作用，更重要的是，锂本身也是热核反应的原料！

在大自然中，锂有两种同位素——锂-6和锂-7。其中锂-6约占 7.5%，是热核反应的原料。人们想办法从普通的锂中除去锂-7，制得纯净的锂-6。然后，再制成氚化锂-6。

1 千克氚化锂-6 的爆炸力，相当于 50 000 吨三硝基甲苯炸药！

1967 年 6 月 17 日，我国成功地爆炸了第一颗氢弹。这颗氢弹中装的就是氚化锂-6。

如今，人们送给锂两个光荣的称号：战略金属和高能金属。

元素周期律的见证者——镓

镓是 1875 年由法国化学家列科克·德·布瓦博德朗在分析比利牛斯山锌矿的时候发现的。当时，布瓦博德朗向巴黎科学院提出了自己的实验报告，并在科学院的报告集上发表了一篇简单的报道。为了纪念自己的祖国，布瓦博德朗把新发现的元素命名为镓（gallium，原意为法国的古名加里亚）。

布瓦博德朗的论文并没有引起人们的注意，它只不过给人们留下了这样一个印象：又发现了一个新元素。

没多久，布瓦博德朗收到一封来自遥远的俄罗斯的信。署名是彼得堡大学教授德米特里·门捷列夫。这位不相识的俄罗斯人在信中说：镓是他在几年之前就预言过的元素，当时他称这个未知元素为类铝。并且还特别指出，布瓦博德朗对镓的比重的测定是错误的：不应该是 4.7，而应当是 5.9 到 6 之间。

布瓦博德朗感到非常奇怪：当时，只有他的实验室里才有一丁点儿金属镓，别的科学家甚至连看都没看到过镓，怎么能断定它的比重是多少呢？

布瓦博德朗到底是一个严谨的科学家，他相信：门捷列夫决不会无凭无据地说他对镓的比重测错了。

于是他决定再次把镓提纯，重新进行比重测定。结果令他不胜惊讶：这次测得镓的比重果然在 5.9 到 6 之间——5.96！

原来，门捷列夫早在布瓦博德朗发现镓的前 6 年——1869 年，便发现了化学上的著名定律——化学周期律。

门捷列夫把化学元素按照原子量由小到大逐渐增加的次序，排成了一张周期表。由于同族元素具有相似的性质，因而根据周期表可以推测出许多还没有发现的元素的性质。门捷列夫正是根据周期表，在镓还没有被发现之前，就预言了世界上存在着这种元素，并且详细地列举了它的性质。

布瓦博德朗在第一次测定镓的比重的时候，由于所用的镓不纯，所以得到的结果偏小。后来，经过提纯以后，果然和门捷列夫的预言一样。

镓被发现的这一段历史，说明大自然不是一片混乱，而是有规律的。人们通过实践，可以认识这些规律，而且还可以应用这些规律去指导人们的实践，进一步去认识自然、改造自然。

镓是柔软的白色金属。

镓真古怪：在平常的温度下，它看上去像一块锡；如果你想把它放在手心里端详一下，嘿，它马上就熔化了！在你手心里流来流去，犹如荷叶上滚着的水珠。

这是为什么？原来，镓的熔点很低，只有 29.8℃，而人的正常体温是 37℃左右，自然很快就熔化了。

镓的熔点虽然很低，可是沸点却非常高，竟高达 2403℃！

人们平常总是用水银来制造温度计。如果你想测量一下炼钢炉的温度，可千万不能使用水银温度计，因为水银在 356.7℃便会沸腾。

人们便用镓来制造温度计，测量炼钢炉里的温度。你即使把这种温度计伸进熊熊的炉火中，玻璃外壳都快烧软、熔化了，里边的镓还没有沸腾。如果你用耐高温的石英玻璃来制造镓温度计的外壳，它能够一直测量到1500℃的高温。所以，人们常常用这种温度计来测量反应炉、原子能反应堆的温度。

镓的一些化合物与尖端科学技术结下了不解之缘。砷化镓是新发现的一种半导体材料，性能优良，用它作为电子元件，可以使电子设备大为缩小，实现微型化。人们还用砷化镓作元件制成了砷化镓激光器，这是一种效率高、体积小的新型激光器。镓和磷的化合物——磷化镓是一种半导体发光元件，能够射出红光或者绿光。人们把它做成各种阿拉伯数字的形状。电子计算机中，就利用它来显示计算结果。

镓在地壳中的含量不算太少，约占十万分之二，比锡还多。可是，提炼镓比提炼锡困难得多，这是因为镓在大自然中很分散，没有形成集中的镓矿。平常，在某些煤灰、铁矿、锑铅矿、铜矿中，含有一丁点儿镓，人们就从这些东西中十分吃力地提取镓。正因为这样，镓属于稀散稀有金属。

煤灰里的金属——锗

锗和镓一样，也是门捷列夫早就根据化学元素周期律详细预言过的一个元素。它是德国化学家温克勒在 1886 年发现的。

1875 年，门捷列夫校正了布瓦博德朗测定的镓的比重一事，曾经轰动了世界科学界。而 1886 年锗的发现和门捷列夫在 1871 年的预言那样吻合，更是令人们惊异不已！

你瞧，下面这张对照表：

	门捷列夫的预言	温克勒的测定
一	锗是一种金属,原子量大约是 72,比重大约是 5.5	锗是一种金属,原子量为 72.3,比重为 5.47
二	这种金属几乎不和酸起作用,但是可和碱作用	锗很难和酸起作用,但在熔融时极易和碱作用
三	这种金属的氧化物的比重大约是 4.7,它极易溶解于碱,并易被还原为金属	氧化锗的比重是 4.703,易溶于碱,并可用碳还原成金属
四	这种金属和氯的化合物应是液体,比重大约是 1.9,沸点大约在 100℃以下	氯化锗是比重为 1.87 的液体,沸点为 86℃

锗的发现,再一次证明大自然不是不可知的,而是可以认识的。

锗在地壳中的含量为一百万分之一点五,比你熟悉的金、银、铂、碘还要多得多。不过,它太分散了,属于稀散稀有金属。世界上并没有道道地地的锗矿!人们只是从煤灰或者一些银、铅矿渣里提炼金属锗。煤中大约含有十万分之一的锗。也就是说,在 1 吨煤中,大约含有 10 克锗。然而,在许多烟道灰(人们平常称为煤灰)中含有千分之一,甚至百分之一的锗,比煤中的含锗量高 100—1000 倍!这是怎么回事呢?原来,在煤燃烧的时候,煤中所含的锗的化合物就受热挥发了。进入烟道以后,温度降低,它又凝结出来,夹杂在烟道灰中,所以锗的含量就提高了。

锗是一种浅灰色的金属。据 X 光的研究证明:锗晶体里的原子排列与金刚石相同。结构决定了性能,所以锗与金刚石一样,硬而且脆。

锗是大名鼎鼎的半导体材料。用作半导体材料的锗,必须非常纯,含锗要在 99.999999% 以上。

现在,人们用区域熔炼法,已经制得了 99.999999999% 的纯锗。在这样纯的锗中,杂质所占的比例是千亿分之一,也就是说,在一千亿个原子中,只有一个杂质原子!当然,要确定这一千亿个原子中的一个杂质原子,也是需要很专门的学问与设备的。

锗用来制造晶体整流器(二极管)、晶体放大器(三极管)、检波器等,比通常的电子管寿命长、耐震、耐撞、体积小，所以被广泛地用于电子计算机、雷达设备、遥控仪器上。

锗的电阻在温度改变的时候，会立即发生灵敏的变化，所以锗还被用来制造热敏电阻——利用锗的电阻随温度的改变，来测定温度。这种热敏电阻甚至可以觉察 1 千米以外人体所射出的红外线。

全世界锗的年产量只有几十吨。你别以为这个数字很小，要知道每个半导体器件所需要的锗只有一丁点儿，几十吨锗，可以制成几亿个半导体器件哩！

笔尖上的白点——铱和锇

笔尖分三种：金笔尖、铱金笔尖和钢笔尖。其中，以金笔尖最好，铱金笔尖次之，钢笔尖最次。

你注意到了没有：在金笔尖和铱金笔尖的头上，都有一粒银白色的东西，而钢笔尖的头上却没有。

金笔尖和铱金笔尖之所以比钢笔尖耐用，秘密都在这粒直径还不到 1 毫米的银白色的"小点"上。

这银白色的金属，不是黄金，也不是银子，而是铱锇合金。

铱和锇，是 1804 年被发现的。由于铱的化合物常有各种美丽的色彩，所以它的拉丁文原意是"彩虹"。中文的"铱"，是根据它的拉丁文开头字母——"I"，音译为"衣"，再加上金字旁组成的。锇的希腊文原意是"发臭"，因为它的氧化物——四氧化锇有一股臭味。

在大自然中，铱和锇非常稀少，地壳中含锇一亿分之五，含铱一亿分之一。它们常与铂共生在一起。

铱是银白色的金属，非常坚硬耐磨。在各种金属里加进少量的铱，制成合金，就会变得非常硬、非常耐磨。

保存在法国巴黎的国际米尺标本，就是用含有 90％的铂和 10％的铱的合金做成的。钟表机轴，也掺有少量的铱。

锇是蓝灰色的金属，它和铱一样，也异常耐磨。正因为这样，人们才用它们的合金来制造笔尖。

据上海金星金笔厂的试验，如果把金笔尖和钢笔尖同时放在一块白油石上磨，一小时后，金笔尖只磨损 0.7 毫米，而钢笔尖磨损达 51 毫米。另外，据上海铱粒厂用人工写字的试验，金笔尖上的铱粒在有光纸上可以写 300 万字，一般人可用 20 年；在粗纸上可以写 150 万字，一般人可以用 10 年。

墨水具有一定的腐蚀性，但是笔尖上的那粒小白点一点也不怕，因为铱和锇的化学稳定性十分惊人。试验证明王水能够溶解银子、黄金以至铂，却不能溶解铱和锇。

铱和锇都非常重，是最重的金属。每立方米的铱重达 22.65 吨，每立方米的锇重达 22.7 吨。

才能卓越的金属——钒

钒是 1830 年被发现的。

钒的发现，有一段有趣的故事：

1830 年，著名的德国化学家维勒在分析墨西哥出产的一种铅矿的时候，断定这种铅矿中有一个还没有被发现的新元素。但是，他没有继续研究下去。不久，瑞典化学家塞夫斯唐木便发现了这一元素。

维勒因为失去发现新元素的机会，感到很失望，把事情的经过写信告诉了他的老师——著名的瑞典化学家柏齐力乌斯。柏齐力乌斯给维勒写了一封非常巧妙的回信：

"……在北边极远的地方，有一位叫作'钒'的女神。一天，有一个人来敲这位女神的门，女神没有马上去开门，想让那个人再敲一下，结果那敲门的人就转身回去了。这个人对于他是否被请进去，显得满不在乎。女神觉得奇怪，就奔到窗口去瞧瞧那个掉头而去的人。这时候，她自言自语道：原来是维勒这家伙！他空跑一趟是应该的，如果他不那么淡漠，他就会被请进来了。过后不久，又有一个人来敲门。因为这次他很热情地、激烈地敲了好久，女神只好把门打开了，这个人就是塞夫斯唐木。他终于把'钒'发现了。"

这一段话诚恳地告诉维勒：你既然没有一心一意地钻研下去，半途而废，怎能发现钒呢？

只有那些肯于钻研、专心致志的人，才能在科学上建立功勋。

钒在地壳中的含量并不少，约万分之一，比铜、锌、镍的含量都多。不过，大自然中并没有含量很丰富的钒矿，钒分布得太分散了！

钒是钢灰色的、坚硬的金属，它能够刻画琉璃与石英。高纯度的钒可以被压成薄箔或者拉成细丝，含有杂质的钒却挺脆，一敲就碎。

把钒掺在钢里，可以制成钒钢。钒钢比普通的钢结构更紧密，韧性、弹性与机械强度更高。钒是制造汽车钢材、弹簧钢、装甲钢不可缺少的材料。钒钢制的穿甲炮弹，能够射穿40厘米厚的钢板。但是，在钢铁工业上，并不是把纯的金属钒加到钢铁中制成钒钢，而是直接采用含钒的铁矿炼成钒钢。

在化学工业上，钒的化合物是很重要的催化剂。采用五氧化二钒来做催化剂，可以使二氧化硫快点变成三氧化硫，再溶于水制成硫酸。

钒的盐类的颜色真是五光十色，有绿的、红的、黑的、黄的，绿的碧如翡翠，黑的犹如浓墨。这些盐类被制造成鲜艳的颜料，用来画画，给瓷器上色，也可以用来制造特种墨水。

高熔点金属之王——钨

你拧一下电灯泡瞧瞧：灯泡里盘着一圈灰色的细丝，这就是钨丝。可是钨块并不是灰色的，而是银白色的，只有细丝状或粉末状的钨，才是灰色或黑色的。

1781 年，瑞典著名化学家舍勒用酸分解钨酸钙的时候，发现了钨酸。1783 年，西班牙采矿学家得尔徐埃尔兄弟首先制得金属钨。钨很重，它的瑞典语的原意便是"重"。钨在工业上获得广泛的应用，是从 20 世纪初开始的。

打开电灯开关，电灯亮了，里头的钨丝炽热得发白，射出耀眼的光芒。这时候钨丝的温度高达 3000℃以上。钨丝能够受得了这么高的温度的考验，是因为它的熔点非常高——3410℃左右。在所有的金属中，钨是最难熔的金属，所以有"高熔点金属之王"的称号。

钨最大的用途并不是用来制造灯丝，而是用于冶金工业——制造钨合金。

人们把钨加到钢中，制成了钨钢。钨钢依然保持了钨的优良特性：既硬又耐高温。人们常常用钨钢来制造高速切削工具，它即使热到发红，照样还是非常硬，切削钢铁犹如你用小刀削梨那样利索。

钨的其他合金——钨钛合金、钨铬钴合金、钨碳合金等，也都是"硬汉"。尤其是钨碳合金，是现在最硬的合金。不过，钨碳合金比较脆，所以要加入 10％的钴来增强它的韧性。

我国制成了新光源——碘钨灯。碘钨灯中加有钨和碘的化合物——碘化钨。

碘钨灯具有体积小、光色好、寿命长等优点。现在我国已大批生产碘钨灯，其使用寿命已达 5000 小时以上。另外，还生产溴钨灯。溴钨灯装有溴化钨。溴钨灯比碘钨灯更好：因为在高温的时候，碘的蒸气是红色的，会吸收一部分光，而溴蒸气的颜色很浅，所以溴钨灯的发光效率更高。

值得我们自豪的是：我国钨的储藏量占世界第一位。

难辨难分的十七"姐妹"——稀土金属

在稀有金属中，有 17 个稀土金属（或叫稀土元素），它们的名字是镧、铈、镨、钕、钷、钐、铕、钆、铽、镝、钬、铒、铥、镱、镥、钪、钇。其中除钪、钇两种金属以外的那 15 种金属，又叫镧系金属（或叫镧系元素）。它们的化学性质很相似，像是"孪生姐妹"。

为什么给这 17 个"姐妹"起个怪名字，叫稀土元素呢？

这是有它的历史原因的。18 世纪，人们把难熔的固体氧化物都叫作"土"。而这 17 个"姐妹"的氧化物都是难熔的，这样，便称它们为"土"了。另外，这些元素在地壳中或是含量很少，或是很分散，或是难以提炼；它们又是十分"稀有"的，所以便在"土"字前面又加了一个"稀"字，称之为"稀土"了。其实，稀土金属并不太稀，特别是我国，稀土资源很丰富，是目前世界上已知的稀土金属矿藏最多的国家，储量超过了其他国家储量的总和！

这17个"姐妹"脾气相似，同"住"在独居石（即磷铈镧矿）、氟碳铈矿等稀土矿物中。当然，这17个"姐妹"也有多有少：铈在地壳中的含量最多，其次是钇、钕、镧等，最少的是铥。把这17个"姐妹"分开，是件相当麻烦而且困难的事儿。科学家们为了分开镱与镥，曾经把试液结晶了15 000多次，还分得不太干净！随着一些新技术的应用，才大大简化了分离程序。

稀土元素都是灰白色的金属，它们的化合物却是五光十色的，有绿色、粉红色、黄色，也有黑褐色的。稀土元素的确也差得很远：铈可以用小刀像切豆腐一样切开，而钐几乎与钢一样坚硬。

稀土元素最主要的用途是用于冶金工业、石油化工和玻璃工业。

比如说吧，在生铁里头加进铈，那生铁就变得坚韧，可以做钢的代用品。许多机器的拐轴、齿轮、连杆、滑筒，都可以用铈生铁来做。这在工业上具有重大的意义，因为生铁比钢要便宜得多。

制造灯丝的时候，在钨里加进一些铈，可以使钨变得软一些，易于拉成丝。

铈、镧、镨、钕、钐、铥等6种稀土金属，很容易燃烧。稍微一碰，便冒火星。铈甚至在165℃的时候，就能燃烧。

打火机上的火石，便是铈、镧等稀土金属与铁的合金。当你用手指嚓地一按打火机的时候，火石受到撞击，一方面因为摩擦发热，一方面从火石上撞下一些铈、镧的粉末，这些粉末立即燃烧起来，迸出火星。这火星落在极易着火的汽油灯芯上，便使灯芯很快地燃起来了。人们还把铈、镧等合金装在炮弹上。夜间，飞行着的炮弹与空气摩擦，会发出亮光，这样，人们在漆黑的夜里依然可以清楚地看到炮弹的行踪。

用含有少量稀土金属的球墨铸铁制造的犁铧，不粘泥土，犁起地来更省力，很受农民的欢迎。

把稀土金属掺到铝镁合金里，可以提高它的强度，用来制造喷气式飞机的发动机和机身。

电子计算机中，有一个电子"大脑"——存储器，它具有很强的"记忆"能力，能够"记住"各种各样的数据。它的"脑细胞"是一个很小很小的圆环，叫作磁泡。在制造磁泡的材料中，需要用钇、铽、铥等稀土金属。

有些眼镜的玻璃片是浅红色的或者浅蓝色的，这是因为里边加了稀土金属。例如，含铈的玻璃是浅红色的，含铈与钴的氧化物是浅蓝色的，含铈与铬的氧化物是微绿色的，最常见的那种淡蓝色的玻璃含有钕。

这些含有稀土元素的玻璃，格外明亮、清洁，不褪色，而且可以挡住紫外线与红外线，保护眼睛。含铈的玻璃，还可以隔绝原子核反应堆的放射线。

如今，含有钕的玻璃还成了当代最新技术——激光器中的重要材料。

在陶瓷工业上，稀土元素的化合物把瓷器打扮得更加漂亮：钼酸铈是鲜蓝色，氧化镨是鲜黄色，磷酸镨是黄绿色。用这些化合物画的图案，任凭水洗日晒，永不褪色。

稀土金属还在石油工业上大显身手。用稀土金属作为催化剂，可以大大提高汽油的产量。另外，在制造合成橡胶、合成氨的时候，也要用稀土金属作为催化剂。

8 未来的钢铁——钛

并不稀有的稀有金属

钛是一种并不稀有的稀有金属。据估计，钛约占地壳重量的千分之六。这是个了不起的数字呀！它比铜、锡、锰、锌等在地壳中的含量要多几倍甚至几十倍呢！就连陨石中，也含有钛！

1791 年，英国科学家威廉姆·格里戈尔在英国密那汉郊区找到一种矿石——黑色磁性砂。

格里戈尔在研究这种矿石的时候，以为发现了一种新的化学元素，于是，他就用发现矿石的地点来命名，把这新元素叫作"密那汉"。

过了 4 年，德国化学家克拉普洛特又从匈牙利布伊尼克的一种红色矿石中发现了这种新元素，他用希腊神话中太旦神族的名字来命名，把它称为"titanium（钛）"。克拉普洛特还指出，格里戈尔所发现的新元素"密那汉"就是钛！实际上，格里戈尔和克拉普洛特找到的都是粉末状的二氧化钛，而不是金属钛。

钛与氧的感情非常好，紧紧地结合在一起。要想从二氧化钛中把氧和钛拉开，提取金属钛，可不是件容易的事情。

直到 1910 年，美国化学家罕德尔才第一次制得纯度达 99.9％的金属钛，总共还不到 1 克。

从发现钛到制造金属钛，前后经历了 120 年。正是由于提炼钛十分困难，因而至今人们还把它看作是稀有金属！

杰出的才能

1947 年，人们才开始在工厂里冶炼钛，当年，年产量只有 2 吨。1955 年，年产量激增到 2 万吨。1972 年，年产量达到了 20 万吨。2013 年，年产量达 673 万吨。

这些年来，钛为什么受到人们如此重视呢？

这是因为钛的比重小，强度高，耐高温，抗腐蚀性强，储藏量大，是一种非常理想的金属。

钛的硬度与钢铁差不多，而它的重量几乎只有同体积的钢铁的一半；钛虽然稍稍比铝重一点，硬度却比铝大两倍。现在，在宇宙火箭和导弹中，就大量用钛代替钢铁。据统计，目前世界上每年用于宇宙航行的钛已达 1000 吨以上！极细的钛粉，还是火箭的好燃料。所以，钛被誉为宇宙金属、空间金属。

人们还用钛制成了钛飞机，这种飞机的结构材料 95％是用钛做的。

钛的耐热性很好。熔点高达 1678℃。

在平常的温度下，钛可以安然无恙地躺在各种强酸、强碱的溶液中。就连最凶猛的酸——王水，也不能腐蚀它。

不涂漆的铁船，在海水里一泡，很快便会烂穿。钛却一点也不怕海水。有人曾把一块钛沉到海底，5 年以后取上来一瞧，上面粘了许多小动物与海底植物，却一点也没有生锈，依旧亮闪闪的！

现在，制造坦克、飞机、军舰、轮船都采用了钛的合金。人们还开始用钛来制造潜艇——钛潜艇。由于钛非常结实，能承受很大的压力，这种钛潜艇可以在深达 4500 米的深海中航行。要知道，水深每增加 10 米，水的压力就增加一个大气压。在海平面下 4500 米的地方，那里的压力之大是普通潜艇承受不了的。

钛耐腐蚀，所以在化学工业上常常要用到它。过去，化学反应器中装热硝酸的部件都用不锈钢。不锈钢也怕那强烈的腐蚀剂——热硝酸，每隔半年，这些部件就要统统换掉。部件本身并不贵，每次更换部件所花的费用以及因停工所带来的损失，要比部件本身的价格高许多倍。现在，用钛来制造这些部件，虽然成本比不锈钢部件贵一点，但是它可以连续不断地使用 5 年。计算起来，反而合算得多。

现在，人们还把钛加到不锈钢中，虽然只加 1% 左右，却进一步提高了不锈钢的抗锈本领。

有趣的是钛在医疗上的应用：在骨头损坏了的地方，填进钛片与钛螺丝钉，过了几个月，骨头就会重新生长在钛片的小孔与螺丝钉的螺纹里，新的肌肉纤维就包在钛的薄片上头，这钛的"骨头"犹如真的骨头一样。

钛的矛盾

然而，钛有个最大的缺点：难于提炼！这样，钛的提炼与它的应用形成了尖锐的矛盾。

钛难于提炼，主要是因为钛在高温下化合能力极强，可以与氧、碳、氮以及其他许多元素化合。因此，在冶炼或者铸造的时候，人们都小心地防止这些元素"侵袭"钛。在熔炼钛的时候，空气与水当然是严格禁止接近的，甚至连冶金上常用的氧化铝坩埚也禁止使用，因为钛会从氧化铝里夺取氧。

现在，人们利用镁与四氧化钛在惰性气体——氦气或者氩气中相作用来提炼钛。

正因为提炼钛操作这样复杂，又要消耗很多贵重的原料，所以金属钛的提炼成本很高。

不过金属钛的怪脾气也有用处。炼钢的时候，氮容易溶解在钢水里。当钢锭冷却的时候，钢锭中就形成了一个个气泡。你想，这样蜂窝般的钢，怎能造机器呢？所以，炼钢工人往钢水里加进金属钛，使它与氮化合，变成渣——氮化钛，浮在钢水表面上。这样，钢锭就比较纯净了。

21世纪的金属

不光是金属钛有着广泛的用途，钛的许多化合物，也有着各种各样特殊的性能和各种不同的用途。

钛的氧化物——二氧化钛，是雪白的粉末，是最好的白色颜料，俗称钛白。以前，人们开采钛矿，主要的目的便是为了获得二氧化钛。

钛白的黏附力强，不易起化学变化，永远是雪白的。特别可贵的是，钛白无毒。它的熔点很高，被用来制造耐火玻璃、釉料、珐琅、陶土、耐高温的实验器皿。在橡胶工业上，还被用作白色橡胶的填料。

四氯化钛可真是个有趣的液体：它有股刺鼻的气味，在湿空气中便会大冒白烟——它水解了，变成白色的二氧化钛的水凝胶。在军事上，人们便利用四氯化钛的这种怪脾气，作为人造烟雾剂。特别是在海洋上，水汽多，一放四氯化钛，浓烟就像一道白色的长城，挡住了敌人的视线。在农业上，人们利用四氯化钛来防霜。

氮化钛、碳化钛，都是非常坚硬的化合物，而且耐热性几乎比钛本身高1倍。像这样既硬又耐热的材料，用来制造高速切削工具，自然最合适不过了。

至于钛酸钡晶体，它有另一种怪脾气——受压力而改变形状的时候，会产生电流；一通电，又会改变形状。于是，人们把钛酸钡放在超声波中，它受压便产生电流，由它所产生的电流的大小可以测知超声波的强弱。相反，用高频电流通过它，则可以产生超声波。现在，几乎所有的超声波仪器中都要用到钛酸钡。这样一来，钛又跟新技术——超声波，结下了不解之缘。

钛的用途越来越广，自然与四个现代化的关系越来越密切。

有人把钛称为未来的钢铁、21世纪的金属，这一点也不夸张，钛的确无愧于这光荣的称号。

9 放射性金属——镭和铀

铀的发现

前面提到过的那个发现钛的德国化学家克拉普洛特，在1789年研究沥青铀矿的时候，发现这种矿物中存在着一种新的元素。他用当时才发现不久的天王星（uranus）来命名这个新的元素，叫它 uranium（铀）。

铀一被发现，许多科学家，包括克拉普洛特本人在内，都曾经对它进行研究，企图分离出金属铀来，但是，都没有达到目的。直到1841年，法国化学家彼利高特冒着很大的危险，用金属钾还原无水氯化铀的办法，才第一次得到了金属铀。

铀在被发现后的100多年里，并没有引起科学家的特别注意。可是，1896年，法国物理学家贝克勒尔在研究荧光现象的时候，偶然地发现：一种铀盐竟然能使用黑纸包得很严密的照相底片感光。经过研究，贝克勒尔发现，铀和它的一切化合物，具有一种别种物质所没有的特殊的惊人本领——放射性。

居里夫人的故事

贝克勒尔是巴黎索本大学的教授，他的论文引起了年轻的居里夫人的注意。她想详细地加以研究。她与她的丈夫——巴黎市立理化学校教师比埃尔·居里商量，选定了"铀射线"这个问题，作为她的博士论文的题目。

居里夫妇进行研究工作不久，首先发现了一个惊人的现象：有两种天然的含铀的矿物——沥青铀矿和绿铀铜矿，都具有比纯铀更强的放射性！例如，当时的奥地利出产的一种沥青铀矿的放射性比其中所含的纯铀的放射性要强 3 倍。

他们认为，在这些沥青铀矿中，一定还藏有一种比铀的放射性更强的元素。

于是，居里和居里夫人共同向法国科学院报告了自己的新发现和对这一现象的解释。法国科学院里许多科学家不相信他们的报告。这些科学家说："你们先把这种放射性比铀更强的元素拿给我们看，我们才能相信。"

居里夫妇并没有被这种质疑难倒，决心把这个新元素找出来！

这样，他们就继续研究。他们向学校一再提出请求，希望能拨出一些房间给他们作为实验室。可是，学校一拖再拖，最后只拨给他们一间原先作贮藏室用的房间，这房间又阴暗又潮湿，当然更谈不上有什么科学设备。

虽然科学院的一些科学家用轻视和怀疑的眼光看待居里夫妇，虽然学校当局对他们的研究工作那样不关心和不重视，但是，居里夫妇仍以坚韧不拔的毅力向科学进军，他们就在那间简陋的贮藏室里，自己动手安装起仪器，更深入地进行研究工作。

经过长期的、艰苦的工作，1902 年，他们俩终于从沥青铀矿里分离出两种放射性比铀强得多的新元素：镭和钋。

镭的拉丁文原义是"射线";钋的拉丁文读音为"波兰宁",是居里夫人为了纪念她的祖国——波兰而命名的。

要知道,在沥青铀矿里,镭的最高含量也不过只有百万分之一!要用800吨水、400吨矿物、100吨液体化学药品、90吨固体化学药品才能提炼出1克镭的化合物!这项工作的艰巨可想而知。

1906年,居里在巴黎不幸被一辆货车撞死。居里夫人继续独担艰巨的工作,终于在1910年制得了世界上第一块纯净的金属镭。居里夫人是世界上少有的两次获得诺贝尔奖奖金的科学家。

镭的发现,是19世纪末20世纪初自然科学界的一个重大成就。

奇妙的镭

纯净的镭,是银白色的金属,相当柔软。镭不能放在水里,它会与水相作用。

据测定,1克镭在1小时里,能放出140卡热;这些热量能够使140克水的温度升高1℃。但是,奇怪的是一小时又一小时过去了,一天又一天过去了,镭照样不断地每小时放出140卡热。严格说来,镭在不断地放出热量的时候,还是有变化的;不过,由于变化非常微小,在短时间内是不容易察觉出来的。经过1600年之久,它放出的能量才会降低一半。

1克镭只一丁点儿,如果让它完全把热放出来,竟有28亿卡,足以融化3吨多冰!这巨大的能量,来自何处?

经过不断的探索,人们发现:秘密全在于镭原子是会分裂的!

镭原子裂变后变成两个更小的原子——氡原子与氦原子。据计算,在730亿个镭原子中,平均每秒钟有1个原子要分裂、要爆炸,向周围以每秒2万千米的速度射出它的碎片。1克镭,每秒钟能放出370亿个α粒子(就是丢掉电子的氦原子核）。

镭那不断放出的热量，便是镭原子裂变的时候释放出来的能量。

镭射出的那些看不见的射线，非常厉害，它不仅能透过纸包使照相底片感光，而且能够杀死细胞、细菌。一天，法国科学家贝克勒尔出去讲演的时候，顺手把一管镭盐装在口袋里。可是，当他讲演完了的时候，感到身上很疼，原来这些镭的射线严重地灼伤了他的皮肤。

比埃尔·居里为了探索这个秘密，曾拿自己的一个手指做过实验：让手指受镭射线灼伤，起初发红，后来就出现了溃疡与死肉，经过了几个月才痊愈。居里详细地记述了这一切。科学家就是以这样的自我牺牲精神，探索物质的秘密！

在医院里，医生利用这奇妙的镭射线作武器，跟疾病作斗争。向来被认为是医学上的绝症——癌症，可以用镭射线来治疗。一些发癣之类的皮肤病，也可以用镭射线消灭它。由于镭的放射性非常强，人们把它掺在荧光粉中，荧光物质受到放射线照射后，便射出荧光。夜间，夜光表上那些浅绿色闪闪发亮的数字，便是涂了掺有镭盐的荧光粉。

原子弹里的金属——铀

铀，是最重要的原子能燃料。

如果把煤的化学能与原子能相比，那可真是小巫见大巫哩：1吨铀-235燃料，相当于250万吨优质煤；1吨铀-235所发出来的电，可以供一座大城市一年的照明。

铀，是银白色的金属，挺软，放在空气中会逐渐失去光泽。铀挺重，比重跟金子差不多。1立方米的铀，重达19吨。纯铀具有很好的延展性。

人们在 1789 年便发现了铀，直到 1940 年以后，报纸杂志上才出现"炼铀工业"的字样。

铀在大自然中并不少，与铅的含量差不多，比金、银多得多。但是，铀分布得很分散，这样，也就给提炼铀增加了不少困难。

铀矿，一般总是黄色或者黄绿色的，有显著的荧光现象，很容易辨识。

在大自然中，铀有三种——铀-235、铀-238 与铀-234。天然铀矿的主要成分是铀-238，占 99.28％，而铀-235 只占 0.715％，铀-234 极少，只占十万分之六。铀-235 与铀-238 是"双胞胎"，化学性质几乎完全一样。

铀-238 与铀-235 在核反应中的"脾气"可不一样：铀-235 是原子炸药，用来制造原子弹。铀-235 的原子核在受到一个中子的轰击的时候，会发生裂变，放出巨大的原子能，同时又产生三个中子。这三个中子又去轰击别的铀-235 原子。这样一来，一而三，三而九，九而二十七……发生了链式反应，使亿万个铀-235 原子核在极短暂的时间内发生裂变，同时释放出巨大的能量，于是便形成了爆炸。原子弹中装的就是铀-235（或金属钚）。

也许你会感到奇怪：原子弹中既然装着铀-235，为什么平时不爆炸，而在要它爆炸的时候才爆炸呢？

原来，一小块铀-235 并不会爆炸。因为铀块很小，产生的中子很快就射到铀块外面去了，不能引起链式反应。只有当铀块体积超过一定限度的时候，才会发生链式反应，造成猛烈的爆炸。这种能产生链式反应的最小的体积，叫作临界体积。原子弹中一般装有两块铀-235，每一块的体积都小于临界体积，所以它平时不会爆炸。在需要它发生爆炸的时候，用炸药把两块铀-235 推合在一起，这时候两块铀-235 合起来的体积超过了临界体积，于是发生了链式反应，产生剧烈的爆炸。

1 千克铀-235 爆炸的威力相当于 2 万吨烈性炸药！

铀-235 不仅可以用来制造原子弹，更重要的是，可以作为原子燃料。人们把铀-235 放进原子能反应堆，用种种办法加以控制，使它不发生剧烈的爆炸，而是缓慢地、平静地把原子能放出来。原子弹爆炸，靠的是链式反应；控制铀-235，不使它爆炸，关键就在于不让它发生链式反应。人们在铀-235 中放进许多减速剂，这些减速剂会"吞食"中子。这样一来，铀-235 裂变时产生的大量中子就被"吃掉"一部分。中子少了，链式反应无法发生，也就不会发生爆炸了。

然而，铀-238 与铀-235 的脾气不一样，当它受到中子的冲击的时候，并不会爆炸，而是"吞食"了中子，使自己变成另一种新元素——钚-239。过去，人们曾以为铀-238 既不能制造原子弹，又不能作为原子燃料。但是，经过仔细的研究，人们发现，铀-238 本身固然不能用来制造原子弹或作为原子燃料，但是，它"吞食"了一个中子后生成的钚-239 与铀-235 一样，在受到中子的冲击时也会发生裂变，并放出巨大的原子能。钚-239 同样可作为原子能反应堆中的原子燃料。于是，铀-238 也就一跃成为制造原子燃料钚-239 的重要原料。

人们已经认识了原子能，但是，还没有揭开它的全部秘密。这秘密一定要揭开，也一定能揭开。

原子能，已成为人类征服大自然的强大武器，并将为人类创造更大的财富！